DES NOTIONS

DE

MATIÈRE ET DE FORCE

DANS

LES SCIENCES DE LA NATURE

THÈSE PRÉSENTÉE A LA FACULTÉ DES LETTRES DE PARIS

PAR

Lionel DAURIAC

ANCIEN ÉLÈVE DE L'ÉCOLE NORMALE, AGRÉGÉ DE PHILOSOPHIE

PARIS

LIBRAIRIE GERMER BAILLIÈRE & Cⁱᵉ

108, BOULEVARD SAINT-GERMAIN

Au coin de la rue Hautefeuille

1878

DES NOTIONS
DE MATIÈRE ET DE FORCE

DANS

LES SCIENCES DE LA NATURE

DES NOTIONS

DE

MATIÈRE ET DE FORCE

DANS

LES SCIENCES DE LA NATURE

THÈSE PRÉSENTÉE A LA FACULTÉ DES LETTRES DE PARIS

PAR

Lionel DAURIAC

ANCIEN ÉLÈVE DE L'ÉCOLE NORMALE, AGRÉGÉ DE PHILOSOPHIE

PARIS

LIBRAIRIE GERMER BAILLIÈRE & Cie

108, BOULEVARD SAINT-GERMAIN

Au coin de la rue Hautefeuille

—

· 1878

DES NOTIONS

DE

MATIÈRE ET DE FORCE

DANS

LES SCIENCES DE LA NATURE

THÈSE PRÉSENTÉE A LA FACULTÉ DES LETTRES DE PARIS

PAR

Lionel DAURIAC

ANCIEN ÉLÈVE DE L'ÉCOLE NORMALE, AGRÉGÉ DE PHILOSOPHIE

PARIS

LIBRAIRIE GERMER BAILLIÈRE & Cie

108, BOULEVARD SAINT-GERMAIN

Au coin de la rue Hautefeuille

—

· 1878

A Monsieur

Charles LÉVÊQUE

MEMBRE DE L'INSTITUT

PROFESSEUR DE PHILOSOPHIE AU COLLÈGE DE FRANCE

———

HOMMAGE DE RESPECT & DE RECONNAISSANCE

CHAPITRE Ier

—

DE LA MÉTAPHYSIQUE DE LA NATURE ET DE SA MÉTHODE

—

I. De la métaphysique de la nature; son objet. — II. Recherche de sa
méthode; stérilité apparente de l'expérience externe; impuissance
de l'intuition rationnelle. — III. Retour sur la définition de la métaphysique de la nature; définition des positivistes. — IV. Critique de
cette définition; distinction entre la métaphysique positive et la mé-
taphys'que transcendante; indépendance de l'une et de l'autre. —
V. De la vraie méthode en philosophie première; elle fait appel à
l'expérience externe, à l'intuition psychologique, à la raison. Rôle
de chacune de ces facultés; importance de l'expérience extérieure;
nécessité d'y recourir et par conséquent d'interroger les sciences de
la nature.

DES
NOTIONS DE MATIÈRE & DE FORCE

DANS LES SCIENCES DE LA NATURE

CHAPITRE Ier

DE LA MÉTAPHYSIQUE DE LA NATURE ET DE SA MÉTHODE.

I. — Le plus subtil des dialecticiens de notre siècle définissait la matière « une possibilité permanente de sensations. » La matière est cela ; n'est-elle rien de plus ? Existe-t-elle, abstraction faite des phénomènes qui nous la rendent perceptible ? Et si elle existe, qu'est-elle ? Ces questions dépassent la science ; elles appartiennent à l'ordre métaphysique ; l'expérience aide à les résoudre, mais elle ne peut y suffire.

Néanmoins, fussent-ils scientifiquement insolubles, ces problèmes s'imposent à tout esprit cultivé. L'intérêt est grand, en effet, de savoir si la science est légitime; de quoi y a-t-il science? d'êtres ou de phénomènes? de réalités ou de spectres sans consistance? La sensation est-elle, comme le voulait Aristote, l'acte commun d'un objet sensible et d'un sujet sentant? Nos sensations ont-elles, comme le croit le sens commun, un double support objectif et subjectif? — Questions graves et que nul n'a le droit d'éluder. Ces problèmes s'imposent donc et c'est leur solution que se propose la *Métaphysique de la Nature* ou *Philosophie Première*. Cette métaphysique est-elle possible ?

Oui, si son objet est rigoureusement défini; oui, si elle est en possession d'une méthode.

Depuis Kant, la métaphysique de la nature a sa place marquée dans l'ordre des sciences métaphysiques : ses problèmes sont distincts de ceux qu'agite la *psychologie rationnelle* ou la *métaphysique des mœurs*.

Ses problèmes sont distincts de ceux que pose et résout la science positive.

Donc, la métaphysique de la nature a son objet propre; elle peut être définie : la science des principes de la nature, des facteurs premiers et essentiels de la matière.

La première condition est remplie; occupons-nous de la seconde.

II. — Découvrir l'origine et la nature d'un être, quel qu'il soit, est impossible par voie d'observation; autrement, moins d'efforts seraient nécessaires pour réfuter le matérialisme psychologique; *a fortiori*, l'expérience seule ne suffirait point à combattre le matérialisme cosmologique. En philosophie première, comme en psychologie rationnelle, il faut sortir des faits.

Qu'on en sorte donc, mais à la condition d'y pouvoir rentrer, ou, du moins, de ne jamais en perdre la trace.

S'il en est ainsi, la métaphysique de la nature n'est possible que par la mise en œuvre de procédés mixtes, les uns empruntés à l'intuition *a priori*, les autres à l'expérience. Telle est la méthode en usage quand on se propose de déterminer la nature de l'âme ou la nature de Dieu.

Quelle est dans cette méthode la part faite à l'expérience? Quelle part est faite à l'intuition? Il est difficile de s'en rendre compte, et voici pourquoi :

C'est qu'il est difficile de trouver un passage entre ce que la métaphysique exige et ce que l'expérience apporte. De quoi s'agit-il, en somme? de découvrir l'essence et l'origine de la matière; or, par matière, on entend des phénomènes, des propriétés, des formes, en un mot, *des objets de perception*. Quant aux problèmes d'origine, eux aussi dépassent la portée de l'observation. Donc on ne comprend pas quel peut être ici le rôle de l'expérience.

Reste l'intuition *a priori*; pour connaître l'essence de la matière, il faut, de toute nécessité, pénétrer au-delà des phénomènes, et saisir, en dehors de toute expérience, et comme par une vue immédiate de la raison, l'étoffe invisible et permanente qui seule explique ou paraît expliquer pourquoi et comment ils nous apparaissent. Cette intuition nous a-t-elle été accordée?

On a tout lieu de ne pas le croire. Là où il suffit d'en appeler à l'intuition, les causes d'erreurs ou de dissentiments devraient être pour ainsi dire nulles; d'où vient alors qu'on ait tant de peine à s'entendre en philosophie première? Il est étrange de doter l'entendement d'un *sens supra-sensible*, en quelque sorte, et d'être si visiblement embarrassé soit pour le mettre à découvert, soit pour en interpréter les témoignages. Mais voici qui est plus sérieux.

L'esprit, et Leibniz l'a dit en propres termes, n'a point vue sur le dehors; la monade n'a « ni porte, ni fenêtre. » Privée des sens extérieurs, l'âme cesse de percevoir; elle *aperçoit*, mais elle n'aperçoit qu'elle-même. Prétendre que nous avons l'intuition immédiate et directe des essences matérielles, équivaudrait à soutenir qu'un esprit peut contempler un autre esprit. Cela est impossible, car, dans les conditions d'existence où l'homme est placé, l'esprit existe pour lui-même à titre de *sujet*, non pour un autre, à titre d'*objet*.

La métaphysique de la nature est donc impossible, et cela parce que sa méthode est absolument impraticable.

Cette méthode a été déduite de l'objet même de la science; on serait alors tenté de croire qu'une erreur a été commise quand on a défini son objet. Peut-être serait-il prudent de revenir sur ses pas et d'essayer une nouvelle définition de la philosophie première.

III. — La matière est connue par ses propriétés, et les propriétés le sont par leurs phénomènes; ces phénomènes sont multiples, variés, et d'une variabilité telle, que jamais le même phénomène ne reparaît deux fois dans des circonstances rigoureusement identiques. Frappé de cette mobilité qui tient du prodige, l'homme des premiers siècles s'écrie avec le philosophe Héraclite : « Tout change, tout coule, et la nature est dans un flux perpétuel. »

L'observation ne tarde pas à dissiper cette erreur. Sans doute, tout ce que l'homme a vu hier, il ne le reverra pas demain; mais, si les mêmes acteurs ne viennent point occuper la même scène, ils passeront cependant leur rôle à d'autres, et nous entendrons ainsi, non plus les mêmes voix, mais le même langage, non plus les mêmes chants, mais la même harmonie.

Les individus passent, mais les formes subsistent; les phénomènes changent, mais les lois restent, et avec elles les propriétés. La diversité n'existe qu'à la surface et les métamorphoses de la matière ne sont « que les différentes époques d'une seule histoire. »

Il y a plus : la connaissance des lois permet de ramener à l'unité la multiplicité des phénomènes et des propriétés qui les manifestent; on les groupe et on forme des espèces; puis, opérant sur les espèces un travail analogue au précédent, on en range plusieurs sous une étiquette commune, et des espèces on s'élève au genre; témoin les sciences naturelles, témoin les sciences physiques.

Pour ne parler que de ces dernières, il semble possible de ramener au mouvement la variété des phénomènes et des propriétés inorganiques. Rien n'empêche alors de dire que l'ensemble des manifestations sensibles, appelé matière, a pour substratum et pour essence le mouvement, et tire son origine du mouvement.

Ainsi entendue, la question revêt un aspect nouveau : à une réponse vague, obscure, embarrassante, succède une solution des plus intelligibles et des plus précises; tout le monde sait ou croit savoir ce que signifie le terme mouvement.

Une réponse aussi satisfaisante suppose évidemment l'emploi d'une méthode sûre, infaillible, reposant sur des faits d'expérience. Pour y arriver, en effet, il suffit d'interroger la nature et d'interpréter ses témoignages. D'où il suit que, loin d'être incompétente, comme on l'avait dit tout d'abord, l'expérience extérieure aidée de l'induction paraît être, je ne dis pas le seul, mais le principal instrument de la philosophie naturelle.

« Les vérités de la philosophie, dit M. Spen-
» cer (1), soutiennent avec les plus hautes vérités
» scientifiques la même relation que celles-ci avec
» les vérités scientifiques inférieures. De même
» que chacune des généralisations supérieures
» enveloppe et consolide les généralisations plus
» restreintes de sa section, de même les générali-
» sations de la philosophie enveloppent et conso-
» lident les généralisations de la science. Par con-
» séquent, la philosophie est une connaissance
» d'une espèce diamétralement opposée à celle que
» l'expérience nous donne d'abord en rassemblant
» les faits. C'est le produit final de l'opération qui
» commence par un simple recueil d'observations
» sèches, qui se continuent par l'élaboration de

____

(1) *Premiers principes*, § 37, Partie II. — Paris, Germer Baillière, 1871.

» propositions plus larges et plus dégagées des cas
» particuliers et aboutissant à des propositions
» universelles. Pour donner à la définition sa forme
» la plus simple et la plus claire, nous dirons : La
» connaissance de l'espèce la plus humble est le
» savoir non unifié; la science, le savoir partielle-
» ment unifié; la philosophie, le savoir complète-
» ment unifié. »

Sans doute, autre chose est enregistrer un témoignage, autre chose est en essayer l'interprétation, et la méthode expérimentale n'est pas l'empirisme. Mais s'élever des phénomènes aux lois, de
ces lois à d'autres plus générales et plus compré-
hensives, est-ce sortir du monde de l'expérience ?
Qu'exprime une loi, sinon un rapport général et
constant entre des faits de même espèce ? Supprimez les termes du rapport et le rapport disparaîtra.
Supprimez les faits, il n'y aura plus de lois. Pour
obtenir une loi, on l'*extrait*, en quelque sorte, des
phénomènes. Donc une métaphysique dont le dernier mot serait l'expression exacte et précise de la
loi universelle, serait une métaphysique positive
ou expérimentale. Que cette métaphysique soit
possible, il serait téméraire d'en douter avant examen, surtout à notre époque et en présence des
nombreuses synthèses scientifiques auxquelles elle
a donné naissance. On se tromperait toutefois en
prétendant que cette métaphysique, pour en avoir

conservé le nom, a définitivement vaincu la métaphysique ancienne, telle que la concevaient les écoles de Descartes, de Leibniz et de Kant, et qu'elle a détourné de leur cours les aspirations légitimes de la pensée.

IV. — La métaphysique nouvelle, s'il fallait lui donner un nom, s'appellerait fort bien *métaphysique immanente* (1), par opposition à la métaphysique ancienne ou *métaphysique transcendante*. L'une et l'autre n'ont pas le même objet, aussi rien ne les empêche de se développer parallèlement, et de poursuivre chacune leur but, sans péril ni pour la science ni pour la philosophie première. Il est aisé de s'en convaincre.

En effet, il peut exister entre les êtres un rapport constant et dont la formule soit applicable à tout phénomène donné.

« Au sommet des choses, écrit un de nos philo-
» sophes positivistes, se prononce l'axiome éter-
» nel, et le retentissement prolongé de cette
» formule *créatrice* compose l'immensité de l'uni-
» vers. » Peut-être eût-il mieux valu s'exprimer

---

(1) Cette métaphysique n'est nommée nulle part, du moins à notre connaissance. Elle n'en existe pas moins, et même elle paraît occuper une grande place dans la philosophie contemporaine. Le nom de métaphysique positive conviendrait, par exemple, fort bien à la philosophie de M. Herbert Spencer.

autrement et offrir à l'intelligence du lecteur des images plus saisissables ; peut-être n'est-il point aisé de comprendre qu'une formule soit *créatrice*, ni qu'elle *compose un univers ;* mais négligeons ce détail. Au fond, l'idée est intelligible, et, qui plus est, juste. Pourquoi les phénomènes physiques ne seraient-ils pas les manifestations multiples et indéfiniment variées d'un phénomène primordial ? Pourquoi les lois qui expriment leurs rapports ne seraient-elles pas subordonnées les unes aux autres, de manière à n'être, pour ainsi dire, chacune, qu'un cas particulier de l'éternelle et universelle loi ? On aurait alors entre les faits et les lois un parallélisme complet, l'unité de loi appelant et impliquant l'unité de phénomène.

Supposons le travail achevé : le système de l'univers est construit, et, grâce à cette analyse synthétique, on peut maintenant l'embrasser d'un seul regard.

Mais qu'on y réfléchisse : autre chose est considérer les lois du monde physique comme des applications d'une seule et même formule, autre chose est prétendre qu'elles en dérivent, comme un effet dérive de sa cause. Le rapport de principe à conséquence n'est pas précisément un rapport de causalité. De même, autre chose est soutenir qu'au sein de tous les phénomènes observables on découvre un élément phénoménal sur lequel sont en quelque sorte greffés tous les autres, autre chose est ériger cet élément en fait créateur. La science des conditions ne saurait donc être confondue avec la science des causes.

Je ne nie point qu'il ne soit très-intéressant d'examiner la nature de la toile sur laquelle sont représentés pour ainsi dire les phénomènes et les êtres ; mais, sous peine de commettre une étrange méprise, une fois cette connaissance acquise, je ne me flatterai point de connaître l'artiste ou le créateur. Sans doute on peut se maintenir exclusivement sur le terrain des faits, mais à ces conditions, il est impossible de posséder, même les premiers éléments de la métaphysique de la nature. L'observation, l'expérimentation aidée du calcul, l'analogie, l'hypothèse même tant qu'elle a pour objets, je ne dis pas des faits observables, mais des phénomènes qui, si nous étions placés dans des conditions favorables, ne manqueraient point de le devenir, tous ces procédés, en un mot, ne nous font pas sortir du monde physique, et à bien prendre les choses, la métaphysique positive ou immanente est le contre-pied de la métaphysique.

Qu'entend la métaphysique par ces mots *essence, origine ?* Par *essence* elle entend un principe supérieur au phénomène, raison d'être du phénomène, et qui par conséquent ne saurait lui être identifié. Par *origine*, elle entend non pas un état initial soumis aux conditions de temps et d'espace, mais une cause première et absolue, source non pas seulement des choses qui se succèdent dans la durée et l'espace, mais encore du temps et de l'espace eux-mêmes.

Ainsi posés, ces problèmes ne sont-ils pas insolubles ? Là n'est point la question. Il importe seulement de comprendre que l'objet de la métaphysique, dite positive, n'a rien de commun avec l'objet de la philosophie première, et que, par conséquent, ce sont là deux spéculations différentes et qui ne sauraient, en aucune façon, se substituer l'une à l'autre. En veut-on une nouvelle preuve ?

« Les anciens hommes, dit un savant illustre (1),
» ont rattaché la production du monde à certaines
» causes surnaturelles qu'ils admettaient, et de
» ces causes ils ont tiré, par une sorte de synthèse
» subjective, la formation de la terre, du soleil,
» des astres, des plantes, des animaux, de l'homme.
» Au contraire, les modernes ont trouvé, dans la
» constitution de la terre, des astres, des plantes,
» des animaux, de l'homme, certaines conditions
» qui permettent d'entrevoir des degrés d'évolu-

____

(1) M. Littré : *Hypothèses positives de cosmogonie. — Revue positive.*
— Livraison de novembre-décembre 1872.

» tion; ce sont ces degrés constatés expérimen-
» talement, et étendus plus ou moins loin, qui
» forment ce que nous appelons une cosmogonie.

» Désormais, tout problème cosmologique a
» pour objet : *retrouver un état antérieur* à
» l'aide des traces qu'il a laissées. C'est dire im-
» médiatement que tout problème cosmologique
» *renonce à rencontrer une origine suprême et*
» *cause de tout.* »

L'auteur auquel nous empruntons ces lignes proscrit la métaphysique, mais ceux qui la rétablissent sous le nom de métaphysique positive, et qui font en apparence leur part aux questions d'*essence* et d'*origine*, donnent à ces expressions un sens exclusivement phénoménal ; ce qu'ils appellent essence, c'est un phénomène qui constitue, pour ainsi dire, la trame de tous les autres; c'est un *substratum matériel.* Ce qu'ils appellent origine, c'est un phénomène antécédent, au-delà duquel existe un état antérieur, mais qui reste inaccessible.

Il est maintenant bien entendu que la possibilité d'opérer la synthèse des phénomènes matériels n'exclut, en aucune façon, la possibilité de franchir les limites de l'observation, et de rechercher dans une sphère supérieure à celle de l'expérience les vraies causes, et, comme disaient les stoïciens, *les raisons séminales* des faits inorganiques.

Nous voici ramenés à notre point de départ, et maintenant il n'est plus besoin d'entreprendre de nouvelles recherches sur l'objet de la philosophie première; on voit maintenant que dès le début, nous nous étions fait sur cet objet des notions exactes et parfaitement conformes à l'esprit de la métaphysique. Il faut alors choisir entre deux partis : ou déclarer impossible toute spéculation métaphysique relative à la nature, ou tenter de nouvelles recherches de méthode. Arrêtons-nous à ce dernier parti.

V. — La connaissance directe s'exerce par le moyen de trois instruments : la perception externe ou usage méthodique des sens; l'aperception ou usage méthodique de la conscience; l'intuition rationnelle. On a éliminé cette dernière comme impraticable; on a écarté l'expérience extérieure comme insuffisante et même stérile; reste le deuxième procédé, c'est-à-dire l'expérience interne.

Il n'en a pas encore été parlé, et pour cause. Employer pour résoudre les problèmes de la nature des procédés de méthode propres à la psychologie, descendre de la connaissance de soi-même à la connaissance du monde extérieur, et par l'usage des mêmes facultés, cela semble au premier abord, je ne dis pas stérile, mais absurde, contradictoire. L'âme ne peut sortir d'elle-même; néanmoins, tout étrange qu'elle paraisse, l'intervention de l'expérience interne joue dans les sciences physiques, à l'insu même des savants, un rôle capital. Par elle, la métaphysique de la nature est rendue possible.

On peut le démontrer aisément, à la condition toutefois de laisser un moment de côté la philosophie première pour venir se placer sur le terrain de la psychologie. Ainsi croyons-nous devoir faire; aussi bien la digression n'est-elle qu'apparente.

Par la réflexion, le sujet pensant s'aperçoit et se reconnaît supérieur à la matière. En effet, il s'aperçoit en tant que sujet, revêtu des attributs de simplicité, d'unité, d'identité, d'activité, attributs qu'il ne conçoit pas, qu'il n'induit pas, mais qu'il voit pour ainsi dire en lui-même et par l'effet d'une intuition immédiate.

En vertu des lois physiques auxquelles le corps obéit, auxquelles doit se plier maintes fois l'activité autonome du moi, l'esprit se connaît dans une union intime avec quelque chose qui n'est pas lui, mais à quoi il ne saurait, sans contradiction, refuser l'existence; il perçoit ses organes, et, par leur intermédiaire, le monde extérieur.

On sait maintenant que toute connaissance exige l'intervention des catégories, c'est-à-dire de la raison et de ses axiomes. On parlait tout à l'heure de « l'intuition rationnelle »; cette expression, d'un fréquent usage, ne convient pas également

ment à tout système rationaliste, et nous ferions peut-être bien de l'abandonner. Qui dit intuition dit en quelque sorte vision directe, immédiate ; or, selon nous, à part l'intuition du moi par lui-même, nous n'avons l'intuition de rien. Ces réserves faites, la raison n'en subsiste pas moins, non plus, il est vrai, comme source d'intuitions, mais comme source de *concepts* ; on ne perçoit point les êtres, les substances, les causes, les forces, on les *conçoit*.

Concevoir un être n'équivaut certes pas à le percevoir ou à l'apercevoir ; on serait, toutefois, dans l'erreur en voulant refuser à nos concepts *a priori* toute espèce de réalité objective. Kant ne voit dans les catégories que des formes vides et stériles par elles-mêmes ; sans les catégories, point de jugement, point de pensée ; de même, point de pensée sans le secours des intuitions de temps et d'espace et des intuitions *a posteriori*. La réalité, selon Kant, n'est point dans les phénomènes, elle n'est pas davantage dans les catégories, mais bien dans la synthèse des intuitions par les catégories. A ce point de vue, il serait inexact d'accorder aux concepts de l'entendement l'ombre d'une valeur objective.

Ce point de vue n'est pas le nôtre. A nos yeux, les catégories d'être, de substance, de cause et de force, ne représentent pas seulement des formes destinées à recevoir les phénomènes, mais encore de véritables essences métaphysiques ; pour le démontrer, on raisonnera de la manière suivante :

Le moi est cause, force, substance, être, et ces mots expriment l'essence métaphysique et réelle du sujet pensant ; ils représentent donc autre chose que de purs concepts, ou de pures catégories logiques. Ceci posé, quand, sortis de nous-mêmes nous considérons l'ensemble des phénomènes extérieurs, quand nous affirmons, à titre de principes universels et d'évidence immédiate, qu'ils ne peuvent s'expliquer sans cause, sans substance, nous ne voulons pas simplement indiquer par là qu'ils peuvent être rangés sous telle ou telle étiquette, mais encore que, par-delà ces phénomènes variables et éphémères, nous pressentons, par analogie avec nous-mêmes, une réalité permanente et durable dont ils émanent, qu'ils manifestent à travers l'espace et le temps. Or, la catégorie de cause, celle de substance, et en général les catégories de la raison sont d'une application universelle. Donc l'application universelle des catégories implique nécessairement l'homogénéité métaphysique de tous les êtres (1).

____

(1) On le voit, nous acceptons, au moins dans ses traits généraux, la théorie magistralement développée par M. Magy, dans son mémoire intitulé : *La loi fondamentale de la Raison humaine* (Séances et travaux de l'Académie des Sciences morales et politiques. — Livraison de février et mars 1872. — Paris, Durand et Pedone Lauriel, 1872.)

Si, comme devait le penser Leibniz, l'affirmation de l'homogénéité métaphysique des êtres est le propre de la raison, il faut avouer que la nature ne semble pas, au premier abord du moins, se plier aux exigences de la pensée. En effet, un premier regard jeté sur le monde sensible nous le représente peuplé de phénomènes, mais rien que de phénomènes. Or, la notion de phénomène implique les notions de variété, de diversité, d'hétérogénéité : il n'est point, ici-bas, deux feuilles exactement semblables, deux objets parfaitement identiques. Pour connaître l'univers, la raison humaine serait-elle donc à violenter, en quelque sorte, les phénomènes, et à leur imposer coûte que coûte, ses lois et ses principes ?

Cette antinomie de la raison et de l'expérience a déjà été mise en relief et déclarée insoluble. L'aveu est prématuré, et la contradiction se dissipe à la lumière de la conscience.

S'il existe entre tous les êtres des principes analogues (et la raison veut qu'il en soit ainsi), cela revient à dire qu'une étroite parenté unit l'homme au reste de la nature, et que si tous les êtres, homogènes entre eux, nous sont également homogènes, ils participent, au moins dans une certaine mesure, à l'activité et à la spiritualité.

Ainsi la raison, éclairée par la conscience, conduit au-delà d'un monde de phénomènes; entre la perception des apparences sensibles, et la connaissance, par la raison, des êtres qui leur servent de support, la conscience psychologique est l'intermédiaire obligé.

Insistons encore, la chose en vaut la peine.

Depuis Maine de Biran, il serait téméraire d'oser prétendre que la personne humaine n'a point le don de s'apercevoir : le moi n'est pas un être qu'on suppose, comme le veulent les Écossais, mais un sujet qui se pose en face de ses actes et de ses états. — Par la vue intérieure de ce qui se passe en lui, l'homme établit une opposition presque radicale entre le moi et ses modifications : celles-ci, malgré l'impuissance où l'on est de se les représenter directement sous une forme sensible, participent néanmoins aux caractères de la phénoménalité. Elles apparaissent dans le temps; elles sont multiples, variables; une fois passées, elles ne reviennent plus. Le moi, au contraire, persiste et se reconnaît toujours le même, toujours un, toujours actif; sans cesse il produit ou tend à produire, et sa capacité d'agir enveloppe l'effort. Cause et substance, tout à la fois, l'être que nous sommes s'oppose à ses actes, à ses modes; en s'y opposant il s'en distingue, et par là même distingue son essence des phénomènes qui la réalisent. Or, de deux choses l'une : ou le mot essence est vide de toute signification précise et s'applique à je ne sais quel mystérieux et impénétrable noumène, ou ce mot désigne le moi tel qu'il s'apparaît à lui-même, et par conséquent il est synonyme des termes : cause, substance, activité.

Ainsi l'on peut entrevoir, plus clairement que tout à l'heure, comment se résout l'antinomie dont il a été parlé. La science n'est autre que la synthèse de l'hétérogène; or, de deux choses l'une : ou cette synthèse est dénuée de toute valeur objective, et cette dernière hypothèse est insoutenable, ou il existe réellement entre tous les êtres des principes d'homogénéité.

Ce n'est pas, à vrai dire, en tant qu'ils apparaissent, que les êtres du monde extérieur sont homogènes; mais il n'en faut rien conclure. Fort heureusement, l'expérience interne nous le fait voir, la diversité des états de moi ne compromet point son unité. Rien n'empêche alors qu'il en soit ainsi pour tous les êtres, et que malgré la diversité infinie dont elle se pare, la nature extérieure soit constituée dans son essence par des éléments analogues les uns aux autres, et tous, plus ou moins analogues à cette source indéfectible d'énergie qui chez l'homme a conscience de ses actes et réussit parfois à les diriger.

Ainsi entendue, la matière ne serait qu'une apparence dont les lois mêmes de notre constitution physique suffiraient peut-être à rendre compte;

ainsi disparaîtrait pour toujours l'opposition irréconciliable entre ce qui pense et ce qui est étendu : âme et corps, l'un comme l'autre aurait son essence et son unité métaphysique.

Jusqu'ici, la part de l'expérience interne semble de beaucoup la plus importante ; elle seule nous met en face d'un être, d'une essence. La raison, d'autre part, ne reste pas inactive, et sa médiation est indispensable. En effet, la conscience ne sort pas du sujet ; que nous apprendrait-elle donc de l'objet, s'il n'était dans les lois de l'entendement de concevoir l'objet de la pensée « comme une pluralité 'd'éléments homogènes » (1), et tous, plus ou moins analogues à l'esprit ?

Nous nous retrouvons ainsi, et par l'effet d'une association d'idées presque insensible, en face de la philosophie première : déjà il est permis d'entrevoir une ébauche de solution dynamiste ou spiritualiste, et, pourtant, l'expérience externe n'est pas encore intervenue ; je me trompe, elle est intervenue, mais on lui a interdit la parole. Cela peut étonner, et cependant, de quelque façon qu'on s'y prenne, l'obstacle est toujours devant nous. L'expérience extérieure est riche de phénomènes et d'intuitions sensibles ; mais, en métaphysique, on veut de l'être, de l'intelligible, et la

---

(1) *Cf.* Mégy, *loc. cit. passim.*

perception externe ne peut en fournir. A quoi bon, dès lors, observer le monde extérieur?

La conclusion semble légitime ; néanmoins, le bon sens proteste contre une métaphysique de la nature qui se constituerait sans faire appel au monde extérieur et sans interroger les sciences de la nature. Comment sortir d'embarras?

On a vu que la raison nous autorise à considérer l'essence de tous les êtres comme analogue à la nôtre. Mais qui dit analogie dit identité partielle. Où commence, où cesse cette identité? A ne consulter que la raison ou la conscience, jamais on n'arriverait à le savoir, car la raison ne perçoit point et la conscience n'aperçoit rien en dehors du sujet. Il y a plus : si ces deux facultés opéraient seules, la raison imposant à tous les êtres des principes homogènes, la conscience, ayant vue sur l'un d'eux, et lui reconnaissant, à titre de déterminations essentielles, l'unité, l'identité, et surtout la réflexion et la volonté libre, le moi humain, aussitôt qu'il aurait pris connaissance de lui-même, imaginerait un monde extérieur fait à sa ressemblance; il verrait dans la personnalité autonome et raisonnable, je ne dis point seulement le type supérieur et presque parfait, mais encore le seul type possible de l'existence; il ne se contenterait plus de dire : « Je pense, je veux, donc j'existe »;

il ajouterait immédiatement : « Donc, tout ce qui existe veut et pense. »

De là au polythéisme, la distance est courte, et elle serait bien vite franchie.

Néanmoins, il est à peu près certain que de nos jours le polythéisme, ou, si l'on veut, le dynamisme anthropomorphique, rencontrerait une majorité d'incrédules. Une personne étrangère aux spéculations métaphysiques admettra difficilement que tout ce qu'elle perçoit, même ce qu'elle appelle matière, participe dans une certaine mesure à l'immatérialité ; essayez devant elle la distinction du *phénomène* et du *noumène*, elle ne comprendra point du premier coup; prêtez à la matière un principe spirituel conscient et libre, elle se révoltera. Elle sait donc ou elle croit savoir (1) que la matière ne se connaît point, qu'elle ne peut se diriger. D'où le sait-elle? Ni l'expérience interne ni la raison ne le lui ont enseigné. C'est donc l'expérience extérieure qui l'empêche d'incliner vers un spiritualisme intempérant.

L'usage de la perception externe est plus délicat et plus lentement perfectible, que la mise en œuvre de l'intuition psychologique, ou l'application

---

(1) On se réserve de démontrer, dans un chapitre ultérieur, la nécessité de doter la monade inorganique d'un minimum de conscience et de spontanéité.

des catégories. Ainsi s'expliquerait le fétichisme des premiers hommes et la persévérance énergique avec laquelle il a fallu le combattre. Aujourd'hui, le polythéisme est une erreur qui n'a plus chance de reparaître : l'expérience ne défend pas de croire au dynamisme, et jusqu'à un certain point de *spiritualiser* la matière, mais elle interdit de prêter à l'être inorganique tous les attributs de l'âme pensante. Voilà ce qu'il était important d'éclaircir, et c'est ici qu'est intervenue l'expérience externe. Nous allons essayer de faire voir comment et dans quelle mesure elle peut intervenir.

Par la réflexion, c'est-à-dire par la conscience employée méthodiquement, la distinction des phénomènes du moi et du moi lui-même est possible : jamais l'homme ne confond ce qu'il est avec ce qu'il fait ou ce qui se fait en lui. En même temps qu'il s'observe lui-même, et qu'il apprend à distinguer l'être, des actes et des modes de l'être, les sens extérieurs ne restent pas inactifs. Par lui-même l'esprit est pur de toute relation avec l'espace, mais par l'intermédiaire du corps organique, il se manifeste à travers l'étendue et traduit dans l'espace ses émotions, ses décisions ou ses pensées. Le moi, nous l'avons dit, ne connaît pas seulement ce qu'il fait ou ce qu'il veut, mais encore ce qui se fait en lui, sans lui, malgré lui, et souvent même contre lui.

Il sait, de science certaine, ce qui, chez lui, résulte de la spontanéité, pour ainsi dire inconsciente ou de la liberté réfléchie, et, grâce aux sens extérieurs, il examine par quelles séries d'expressions, par quelles attitudes se révèlent au dehors les formes invisibles de son énergie.

Ainsi, l'homme devient capable de se comprendre lui-même et de comprendre autrui. Ainsi arrive-t-il promptement à se convaincre qu'il n'est pas au monde le seul être libre et conscient. Rien ne se fait sans raison. Impossible alors d'admettre que des analogies extérieures n'impliquent point des analogies internes correspondantes.

Quand je parle, je me sais penser; quand je pleure, je me sais souffrir; donc partout où j'entends la parole, j'affirme la pensée; partout où je vois les larmes, j'affirme la douleur.

L'induction par analogie m'aide à comprendre et à connaître mes semblables; c'est elle encore qui permet au psychologue de décrire l'âme des bêtes, et de connaître l'animal mieux qu'il ne se connaît lui-même. L'animal ne pense ni ne raisonne : voilà ce qu'on dit, et ceux qui le disent invoquent, à titre de preuve, l'absence de la parole et en général de tous les actes dont l'accomplissement chez l'homme implique un développement de raison. L'animal ne pense point, mais il jouit ou il souffre; il n'a point de lui-même une connais-

sance distincte et réfléchie, mais il n'est pas dépourvu de conscience; il n'est pas une personne,
mais il est un individu. Ces conclusions n'offrent
point toujours, il est vrai, le degré de certitude
qu'on exige généralement dans les sciences, et
l'induction par analogie n'est la forme ni la plus
parfaite ni la plus rigoureuse de l'induction. Mais
là où l'induction est impossible, l'analogie peut et
doit intervenir; au surplus, dans mainte circons-
tance, nul n'oserait soutenir que ses conclusions
soient incertaines; on ne doute point de l'intelligence d'autrui, on ne doute point de la personnalité de ses semblables.

Pourquoi donc le même procédé, si efficace
quand il s'agit de l'homme, cesserait-il de l'être
quand on passe de l'homme à l'animal? Sans doute
on sort de l'espèce, mais si deux espèces différentes
offrent des caractères communs, il faut bien admettre que la présence de ces caractères implique, chez l'une comme chez l'autre, les mêmes
antécédents.

De même partout où certains signes extérieurs
manquent, il semble légitime d'admettre que les
attributs psychologiques correspondants font aussi
défaut.

Telle est la méthode de la psychologie comparée, telle doit être aussi la méthode de la philosophie première; elle ira du dedans au dehors, de

l'âme étudiée par la conscience, à la matière étudiée dans ses manifestations extérieures.

Donc, la question de savoir si la matière participe à la conscience ou à la spontanéité, revient à se demander si elle en offre les signes extérieurs, et cette question est une question d'expérience. Voilà pourquoi il serait absurde d'ébaucher une philosophie première sans consulter les sciences de la nature.

Ainsi, pour nous résumer :

1° La conscience réfléchie met l'homme en face de lui-même, de son être, de son essence ;

2° La raison lui fait concevoir tous les êtres comme régis par des essences analogues, et partiellement identiques au moi lui-même ;

3° Enfin l'expérience extérieure, aidée de la faculté d'interpréter les signes, permet de constater jusqu'à quel point cette identité existe et quelles en sont les limites (1).

En somme, la méthode en philosophie naturelle embrasse toutes nos facultés intellectuelles. L'emploi discret de cette méthode ferme la porte au dynamisme anthropomorphique ; mais entre ce

____

(1) C'est à ces conclusions qu'est arrivé M. Charles Lévêque, quoique par une voie sensiblement différente de la nôtre. — Cf. *Revue politique et littéraire*, 8 février 1873.

spiritualisme exagéré et la doctrine qui ne veut voir dans la nature qu'un jeu d'apparences sensibles sans aucun support intelligible, vient se placer une théorie dynamique, sachant faire droit à l'expérience et à la raison.

Dans ce système, on reconnaît que tout être doit être conçu sous les attributs de la force. En revanche, on se garde d'établir entre les forces libres et personnelles, d'une part, et les forces impersonnelles de l'autre, une analogie par trop voisine de l'identité. On dit alors que les phénomènes de matière sont produits par le concours harmonieux de principes d'énergie réels, quoique simples et inétendus, actifs quoique privés de réflexion, sinon d'un minimum de conscience. Ainsi entendu, le nouveau dynamisme ne paraît avoir rien de contraire à l'expérience.

La conception dynamique de l'univers matériel, résultat naturel de l'emploi simultané de la raison et de la conscience psychologique est-elle suffisamment légitimée par l'expérience extérieure ? En d'autres termes, l'observation de la nature pratiquée avec méthode, mais en dehors de toute préoccupation métaphysique, conduirait-elle aux mêmes résultats que l'application immédiate des principes de la raison ? Que le dynamisme satisfasse aux exigences de l'entendement humain, mieux et plus que tout autre doctrine, cela peut être contesté;

reconnaissons toutefois qu'entre le monde de la physique cartésienne et l'univers conçu d'après les principes de la monadologie, il y a une différence toute à l'avantage de Leibniz. Un monde d'esprits est sans aucun doute supérieur à un monde partagé très-inégalement entre les êtres qui pensent et les corps étendus. Supposez ces deux univers présents à la pensée divine et prétendant l'un et l'autre à l'existence, il n'est pas difficile de prévoir de quel côté se portera le choix de l'être infiniment bon. Mais, je le répète, le problème veut être résolu autrement que par des raisons esthétiques ou métaphysiques, et, en supposant même que tout ce qui est rationnel est réel, ce serait une étrange méthode de juger de ce qui est par ce qui doit être.

La raison dicte ses lois à la nature comme elle les dicte à la volonté ; la volonté les enfreint ou les applique. La nature n'est pas libre de se soumettre ou de désobéir, mais cela n'implique nullement qu'en fait elle obéisse. A moins d'admettre *a priori* l'identité de la pensée et de la nature, il ne suffit pas, pour démontrer la valeur d'un axiome rationnel, d'établir qu'il satisfait aux exigences de la pensée ; il faut encore en essayer la vérification expérimentale.

De là, la nécessité de consulter l'une après l'autre les sciences de la nature matérielle, et de se demander, à propos de chacune d'elles : quelle part elle fait à la notion de force, et comment elle la définit; ce qu'elle peut nous apprendre sur l'essence et l'origine de la matière.

Telle est la série de problèmes que l'on se propose d'examiner. Comme on a pu s'en convaincre, on n'élève *a priori* et pour le moment aucune objection contre le dynamisme, on affirme avec un métaphysicien de notre pays et de notre temps (1), que la raison, éclairée par l'intuition psychologique, ne peut concevoir l'univers, autrement que comme un agrégat d'éléments dynamiques. Mais il reste encore à savoir dans quelle mesure la science expérimentale autorise cette conception. Pour dissiper ces incertitudes, interrogeons les unes après les autres les sciences de la nature et tâchons d'enregistrer exactement leurs réponses.

____

(1) M. Magy.

CHAPITRE II

EXAMEN DES SCIENCES RATIONNELLES. — 1re PARTIE : DE LA SCIENCE DES NOMBRES ET DE LA SCIENCE DES FIGURES.

I. Des sciences de la nature et de leur définition. Des sciences rationnelles et des raisons qui commandent leur examen. — II. De la notion de nombre et de la science des nombres. La science des nombres n'a pas une origine expérimentale : la science des nombres n'est pas innée. Elle est le résultat de l'activité de l'esprit opérant avec le concours de l'expérience. Le nombre n'est pas une qualité de la matière. — III. De la science des figures et de la géométrie. Critique de l'explication empirique; critique de l'explication par l'innéité. De la doctrine de Kant sur la construction des concepts. Part de l'esprit et de l'expérience dans la construction des figures. Caractère idéal de l'étendue géométrique : l'étendue du géomètre n'est pas, à proprement parler, une qualité de la matière.

CHAPITRE II

EXAMEN DES SCIENCES RATIONNELLES. — 1re PARTIE : DE LA
SCIENCE DES NOMBRES ET DE LA SCIENCE DES FIGURES.

I. — La métaphysique de la nature a été définie
la science des facteurs premiers et essentiels de la
matière. Les sciences de la nature recevront une
définition analogue ; elles auront pour objet les
phénomènes matériels, les faits du monde inorganique.

Cette définition peut être contestée. En effet, le
terme « nature » s'applique tout aussi bien aux
êtres vivants qu'à la matière proprement dite ; il
semble donc arbitraire de nous arrêter au seuil des
sciences biologiques.

On conviendra cependant que l'homme est
compris dans la nature tout aussi bien que les
espèces végétales et animales, et, qu'à certains
égards, toute science, quelle qu'elle soit, fait partie
des sciences de la nature ; il n'y aurait donc, alors,
aucune raison de limiter le champ de nos recher-

ches. Tel est pourtant notre dessein ; la philosophie première n'est point toute la métaphysique, elle n'est qu'une de ses provinces.

Devant l'impossibilité où nous sommes de conserver au terme nature une extension à peu près indéfinie, le mieux est, ce nous semble, d'accepter une distinction consacrée par l'usage et de ne pas confondre la nature extérieure avec les êtres qui la peuplent ; les lois de la première ne suffisent point, d'ailleurs, à expliquer comment la vie peut éclore, et la complexité des phénomènes biologiques ne permet pas de considérer leur étude comme un simple rameau des sciences physico-chimiques.

Ainsi se maintiendrait l'ancienne division des sciences en quatre groupes : 1° sciences mathématiques ; 2° sciences physiques ; 3° sciences biologiques et naturelles ; 4° sciences anthropologiques et morales.

Cette division se recommande à des titres divers : d'abord à chaque groupe correspond un objet distinct ; en second lieu, à chaque groupe correspond une méthode spéciale.

Toutefois, il faut avouer que la distinction des groupes ne paraît pas toujours impliquer leur indépendance réciproque. La science de l'inférieur prépare la science du supérieur qui ne peut se constituer définitivement en dehors d'elle ; les sciences physiques, par exemple, ont pour objet un monde supérieur au monde du mathématicien et du géomètre, et cependant les mathématiques y trouvent leur place.

Donc, le droit de ne point faire d'excursion sur le terrain de la biologie, n'implique nullement le droit d'interroger les sciences physiques ou cosmologiques sans prendre souci des sciences mathématiques ; les secondes préparent les premières et les rendent possibles.

Ce n'est pas tout encore : les sciences mathématiques ont pour objet : le nombre, l'étendue, la figure, le mouvement, c'est-à-dire les *qualités premières* des corps, pour parler la langue du xvıı° siècle.

Il semble alors, que ces sciences, non-seulement ne soient pas étrangères aux sciences de la nature, mais encore qu'elles en fassent partie.

Donc, rien ne nous autorise à les laisser sur notre route sans les avoir préalablement interrogées.

Il est une objection qui ne saurait être passée sous silence, et qui consisterait à tirer du caractère rationnel des sciences mathématiques une raison d'en omettre l'examen. Ces sciences, nous dirait-on, n'ont point toutes le même objet, ou, si l'on veut, la même « matière » ; l'une a pour objet le nombre, l'autre la figure, etc. Les unes et les au-

tres ont néanmoins la même « forme », la même
méthode, et cette méthode est essentiellement déductive, d'où leur nom de *sciences rationnelles*.
Mais la nature n'est pas un monde d'abstractions,
c'est un monde de réalités sensibles et concrètes;
or, dans un monde réel, c'est à la lumière des faits
qu'on s'avance, et les faits ne se démontrent pas.
Donc il ne faut rien attendre des sciences déduc-
tives.

L'argument resterait sans réplique, s'il était vrai
que tout raisonnement déductif exigeât pour majeure un principe *a priori*. Cette condition n'est
pas nécessaire; à défaut d'axiome ou de principe,
une loi peut servir de majeure, j'entends une loi
extraite de l'expérience et généralisée par l'induction. Soient maintenant certains rapports donnés
dans l'expérience et susceptibles de déterminations
quantitatives exactes; chacun d'eux revêtira par
cela même une expression mathématique, laquelle,
une fois obtenue, se développera en une suite de
conséquences nécessaires et mathématiquement
enchaînées. Ainsi, d'une loi générale sortiront d'autres lois, applicables aux phénomènes, en parfaite
harmonie avec l'expérience et toujours ou presque
toujours confirmées par elle. D'où cette conclusion,
d'ailleurs irréprochable, que, dans tous les cas
analogues, l'application rigoureuse des règles du
raisonnement et de la méthode mathématique peut

tenir lieu d'expérience, et même suppléer avantageusement aux défauts d'une observation souvent difficile, quand elle n'est pas à peu près impraticable.

Ainsi, par exemple, assimilez les planètes à des points matériels et vous démontrerez la loi de la gravitation; admettez (l'expérience vous y autorise) que les rayons lumineux suivent une marche rectiligne; vous en déduirez les lois de la réflexion et de la réfraction (1), et cela, sans avoir besoin d'instituer la moindre expérience. Niera-t-on cependant que la science des astres soit une science d'observation, et se hasardera-t-on à prétendre que la physique n'est point une science expérimentale?

La distinction entre les sciences rationnelles et les sciences expérimentales n'est donc pas absolument tranchée; il y a plus : l'histoire des sciences semble prouver qu'elles débutent par être exclusivement sciences d'observation pour venir se ranger, dans la suite, au nombre des sciences de raisonnement. Cela est vrai de la mécanique, de l'astronomie; en dirons-nous autant des sciences mathématiques et géométriques; elles aussi doivent-elles être comptées parmi les sciences de la nature?

____

(1) Cf. Duhamel. *De la méthode dans les sciences de raisonnement.* Première partie, p. 31. — Paris, Gauthier-Villars, 1865.

Cette opinion rencontre des défenseurs; je veux dire que parmi nos logiciens modernes, il s'en trouve plus d'un, qui prétend assigner à la science des nombres et à la science des figures une origine exclusivement empirique. A les en croire, les premiers mathématiciens et géomètres auraient tiré de l'observation directe de la nature extérieure la plupart des propositions que chacun admet aujourd'hui à titre de vérités nécessaires; les axiomes, entr'autres, n'exprimeraient en dernière analyse que des résultats d'expériences.

Cette théorie revient en somme à transformer les raisonnements mathématiques en véritables cercles vicieux; l'application du calcul aux données d'une expérience aide beaucoup à sa généralisation et fait passer une proposition collective au rang de vérité générale, on pourrait presque dire de vérité nécessaire; cela tient précisément au caractère apodictique des théorèmes. Mais si la nécessité mathématique est démontrée n'être à son tour qu'une nécessité dérivée, et si la source dont elle dérive n'est après tout que l'expérience elle-même, il est étrange que l'esprit humain se complaise si aisément et si légèrement à un métier de dupe, et qu'il dépense tant de travail, pour ne recevoir en fin de compte qu'une valeur imaginaire.

Mais, sans insister encore sur une explication qui n'a peut-être d'autres mérites que celui de l'originalité, gardons-nous cependant de lui oppo- ser, dès à présent, une théorie absolument con- traire et d'après laquelle le groupe des sciences rationnelles semblerait pouvoir se constituer en dehors de l'expérience. En admettant que l'expé- rience n'intervienne pas dans la prétendue géné- ration des axiomes, elle peut intervenir ail- leurs, elle peut mettre l'esprit sur la voie d'une définition, lui suggérer la découverte d'un théo- rème. Nous croyons qu'elle ne fait pas tout : irons- nous jusqu'à dire qu'elle ne fait rien?

De là, l'obligation de rester quelque temps encore sur le terrain de la métaphysique et de rechercher dans quelle mesure la connaissance du monde extérieur aide à la naissance ou à l'élabo- ration des concepts mathématiques et géométri- ques. Au fond, et quoi qu'il en semble, nous ne pouvons éluder cet examen; rien n'importe plus que de savoir si oui ou non la science des nombres et celle de l'étendue méritent de prendre place au rang des sciences de la nature.

II. — Locke fait du nombre une qualité pre- mière des corps (1) : « Les qualités des corps, nous » dit-il, qui n'en peuvent être séparées, je les » nomme qualités originales et premières, qui sont

____

(1) *Essai sur l'entendement humain*, livre 2, chapitre VIII.

» la solidité, l'étendue, la figure, le nombre, etc. »
Il n'est pas indifférent de remarquer dans quel
ordre il les classe; le nombre vient, quatrième,
après l'étendue et la figure, et cela fait supposer
qu'aux yeux du philosophe la notion de nombre
ne pénètre dans l'esprit qu'à la suite des précédentes; le nombre serait alors un mode de l'étendue, et de la figure; il appartiendrait à la matière à
peu près au même titre qu'elles.

Plus loin cependant, notre auteur ajoute :
« Comme parmi toutes les idées que nous avons,
» il n'y en a aucune qui nous soit suggérée par
» plus de voies que celle de l'unité, aussi n'y en
» a-t-il point de plus simple. Il n'y a, dis-je, au-
» cune apparence de variété ou de composition
» dans cette idée, et elle se trouve jointe à tout
» objet qui frappe nos sens, à chaque idée qui se
» présente à notre entendement, et à chaque pen-
» sée de notre esprit. C'est pourquoi il n'y en a
» point qui nous soit plus familière, comme c'est
» aussi la plus universelle de nos idées dans le
» rapport qu'elle a avec toutes les autres choses,
» car le nombre s'applique aux hommes, aux
» anges, aux actions, aux pensées; en un mot, à
» tout ce qui existe ou peut être imaginé.

» En répétant cette idée de l'unité dans notre
» esprit, et ajoutant ces répétitions ensemble, nous
» venons à former les modes ou idées complexes

» du nombre. Ainsi, en ajoutant un à un, nous
» avons l'idée complexe d'une couple; en mettant
» ensemble douze unités, nous avons l'idée com-
» plexe d'une douzaine, et ainsi d'une centaine,
» d'un million ou de tout autre nombre (1). »

Ces remarques sont justes; il est vrai que la
notion de nombre ne s'applique pas aux seuls
objets sensibles; il est vrai qu'elle peut entrer dans
l'esprit par plusieurs voies, ou du moins qu'on peut
en expliquer l'origine de plusieurs manières. La
question est de savoir, parmi ces explications différentes, laquelle veut être préférée; on ne le sait
pas encore, et c'est là ce qui importe.

Où puisons-nous la notion de nombre?

« Dans le monde extérieur », répondent les
empiriques, et pour justifier leur thèse, ils semblent
ne pas manquer de preuves. Voici mes dix doigts :
pour en déterminer le nombre, j'ai dû d'abord
considérer les cinq doigts de la main droite, puis
après, les cinq doigts de la main gauche, et j'ai
trouvé par expérience que ces deux groupes de
cinq sont égaux à dix. De là à dire : cinq et cinq
font dix, il y a loin.

C'est qu'en effet les lois mathématiques se
déduisent et se démontrent, et ces lois sont nécessaires; l'expérience ne leur est pas contraire,

____

(1) *Ibid*, chap. XVI.

autrement leur nécessité resterait inexplicable ; mais de ce que l'expérience les confirme, on ne saurait conclure qu'elle les constitue. Quoi qu'en dise M. Stuart Mill, cinq et cinq font dix, ont fait et feront toujours dix, et cela, dans tous les pays du monde, au-delà même du groupe d'étoiles dont fait partie notre soleil.

D'ailleurs, s'il fallait identifier les rapports établis entre les nombres à des rapports primitivement constatés entre des impressions, la difficulté serait insurmontable. L'impression de dix objets n'est pas identique à deux fois l'impression de cinq objets ; dira-t-on qu'il y a entre elles égalité, ou équivalence ? Pas davantage : deux impressions peuvent être dites semblables ou analogues, jamais équivalentes.

Ne restons pas plus longtemps en présence d'une explication aussi défectueuse ; on sait d'ailleurs que l'expérience n'est pas la seule origine possible, assignable à nos concepts. Il en est, parmi ces concepts, que l'esprit tire en quelque sorte de son propre fonds, ce sont les concepts innés ; peut-être la notion de nombre en fait-elle partie.

Platon définissait l'âme « un nombre qui se meut lui-même. » Cette définition, toute pythagoricienne, ne saurait point être prise au pied de la lettre. Non ; l'âme est autre chose qu'un nombre ; mais, comme toute chose, elle reçoit le nombre ;

comme toute chose, elle participe à la quantité : il y a, en effet, dans la conscience, du plus et du moins, du même et de l'autre, de l'unité et de la multiplicité.

On ne peut nier, d'abord, que si l'homme était réduit à la conscience d'un moi identique et sur l'identité duquel rien ne ferait saillie, l'homme ne penserait pas ; car la pensée requiert un objet, et le sujet ne peut devenir objet pour lui-même tant qu'il n'a rien à s'opposer.

Mais l'homme n'est pas seul ; en relation constante avec le corps, il perçoit ses organes et peut noter, grâce à leur intermédiaire, les impressions diverses que le monde extérieur lui apporte. Ces impressions, aussitôt ressenties, font place à d'autres, et cependant, une fois entrées dans la conscience, elles n'en sortent jamais. Semblables aux corps phosphorescents, d'obscures elles redeviennent lumineuses, alors que des impressions de même genre, ravivant un souvenir presque éteint, viennent projeter sur elles une partie de leur éclat.

Les choses se passant ainsi, le sujet pensant ne peut manquer de se distinguer des impressions multiples dont il reçoit l'empreinte ; il sait que tandis qu'elles vont et viennent, poussées et chassées les unes par les autres, il reste toujours un, toujours identique ; par lui-même il est un, par les impressions qu'il reçoit, par ses modes, par ses états, par ses actes, il est multiple.

« La notion de multiplicité, dit un philosophe
» contemporain (1), a évidemment son origine
» dans la conscience de nos modes et de nos actes.
» Nous subissons et nous produisons continuelle-
» ment la multiplicité; nous réalisons en nous le
» nombre. »

Il est à remarquer, cependant, que la notion de nombre ne s'explique pas seulement par l'unité et la multiplicité, cette notion en implique au moins trois autres : celle d'unité, celle de multiplicité ou de pluralité, celle de totalité, laquelle s'obtient par la synthèse des précédentes.

En effet, les phénomènes qui s'offrent à la conscience forment une série continue et présentent, par cela même, une sorte d'unité; quelque chose leur est commun à tous, à savoir la succession, l'association. Par là il devient possible de les embrasser d'un seul regard et d'en constituer un tout.

La notion de totalité peut encore s'expliquer d'une autre manière. L'unité de série convient à nos états de conscience; l'unité de système leur appartient également; je veux dire que parmi nos modifications subjectives, il en est qui se groupent naturellement entre elles et comme en un faisceau,

---

(1) M. Fouillée. *La Philosophie de Platon*, t. 2, p. 545.

parce que malgré les différences qui les séparent, elles semblent obéir à une même direction et concourir à un même travail. A ce point de vue, l'âme humaine est un véritable organisme, et les fins diverses qu'elle se propose sont comme autant de principes directeurs d'une classification psychologique. Ainsi arrive-t-elle à comprendre ce que peut être une unité constituée de parties; ainsi arrive-t-elle à opposer cette unité collective ou totalité à l'unité simple et indivisible, dont son essence offre le type.

L'idée du nombre semble maintenant acquise; pour y arriver l'esprit n'a pas eu besoin de sortir de lui-même. Il lui a suffi de se contempler, de prendre conscience de son unité métaphysique, de l'opposer à ses modes multiples, de grouper ces modes et d'en former des touts.

Passons de la notion de nombre à la science des nombres, et peut-être l'esprit devra-t-il en chercher la matière autre part que dans la conscience.

Telle n'est point à cet égard l'opinion d'un philosophe distingué, aux yeux duquel « toutes les » conceptions mathématiques (1) sont des modes » de la conscience, des images de l'âme. Quant

____

(1) M. Fouillée, *loc. cit.* 546.

» aux opérations mathématiques, addition, sous-
» traction, multiplication, division, elles sont la
» raison appliquée aux formes les plus abstraites
» de la conscience. »

Il est certain que la conscience présente aux regards du psychologue une multiplicité d'actes et de modes séparés les uns des autres, par les places qu'ils occupent dans le temps, par le degré d'intensité qui les accompagne et par le contenu psychologique. Rien n'est plus facile alors que de les comparer entre eux et de les comparer successivement à ce triple point de vue; mais cette comparaison n'est possible qu'à une condition, c'est qu'il soit en notre pouvoir de briser la chaîne de nos états de conscience et de substituer à cette synthèse réelle et concrète, une synthèse abstraite et idéale composée d'éléments homogènes. On mettra d'un côté, par exemple, tous les états de plaisir et de douleur, de l'autre tous les phénomènes de perception et de connaissance, etc. On arrivera ainsi à former des totaux composés d'unités de même espèce, et l'on aura en dernière analyse plusieurs séries d'additions.

Si l'addition était la seule opération arithmétique possible, on trouverait peut-être moyen d'en expliquer l'origine en faisant appel aux seules forces de l'entendement. La soustraction, qui n'est après tout que l'opération inverse de la précédente, pourrait, elle aussi, ne pas se montrer trop rebelle à ce mode d'explication. Mais, supposez l'homme réduit à n'opérer que sur des états de conscience vides de toute représentation sensible, vous n'arriverez jamais à comprendre qu'il ait pu découvrir la multiplication et la division, encore moins les mille opérations complexes qui dérivent de ces deux dernières. Qu'est-ce que multiplier un plaisir par un autre ? Constater que le plaisir d'hier équivaut à deux fois le plaisir d'il y a huit jours ? Mais celui qui tient ce langage se fait-il l'illusion de croire qu'il ne parle pas au figuré ?

Non, l'entendement réduit à lui seul et privé du secours de la perception externe, ne peut achever d'élaborer le concept de nombre; il lui faut sortir de lui-même pour donner à ce concept le degré d'abstraction, et si j'ose dire, de pureté nécessaire aux opérations de l'arithmétique et de l'algèbre.

En effet, la notion de nombre appelle la notion de mesure, et les seules quantités mesurables sont les quantités extensives. On sait d'ailleurs qu'une quantité qui par elle-même n'est qu'intensive, ne peut se mesurer que par l'intermédiaire d'une grandeur ou d'une étendue; ainsi la chaleur, par le degré de dilatation des corps. Donc, en supposant le monde psychique envahi par le calcul (l'invasion est déjà commencée) et conquis par les mathématiques, il ne faudrait point attribuer ce résultat à l'entendement pur, mais bien à l'esprit aidé de l'intuition externe.

Kant distingue entre l'intuition *a priori* et l'intuition *a posteriori :* la première est celle de l'espace et du temps, la seconde est celle des corps et des objets sensibles. Laquelle des deux est nécessaire à la construction de la science des nombres?

L'une et l'autre : donnez-moi l'espace vide, indéterminé, je n'y puis entrevoir aucun élément de divisibilité : cet espace est un tout continu et partout identique à lui-même; comment y tracerai-je des circonscriptions? Comment ces circonscriptions obtenues, en opérerai-je la mesure?

Pour cela, j'ai besoin de l'intuition sensible (1); c'est elle qui va m'apprendre à meubler l'espace et par conséquent à le diviser.

On me dira peut-être que cette étendue dont je garnis l'espace est une étendue idéale, construite par l'imagination à l'aide du mouvement (2); ainsi peut s'expliquer la genèse des figures géométriques. Toujours est-il que la notion de mouvement ne réside pas dans l'intelligence à titre de don-

____

(1) L'intuition sensible ne porte que sur des phénomènes; l'intuition psychologique porte sur des phénomènes et sur un être. Le moi est le seul être dont nous ayons l'intuition. (Voir notre chapitre I).

(2) *Cf.* L. Liard. *Des définitions géométriques et des définitions empiriques.* Paris, 1873.

née *a priori* : c'est à l'expérience que l'entendement l'emprunte, et par conséquent non-seulement l'intuition *a priori*, mais encore l'intuition *a posteriori* interviennent l'une et l'autre, sinon dans la première ébauche du concept de nombre, au moins dans la construction des quantités mathématiques.

Les quantités mathématiques sont des quantités discrètes : la continuité est le propre de l'espace et de l'étendue; comment passer de l'un à l'autre?

En traçant des figures dans l'espace, l'imagination divise cet espace et peut dès lors considérer une de ses parties, abstraction faite de toutes les autres : cette partie elle-même comporte un nombre illimité de divisions, et chacune de ces divisions nouvelles peut devenir l'objet d'un acte spécial d'attention. Il n'en faut guère davantage pour transformer une quantité continue en une quantité discrète.

Les figures dont je garnis l'espace, une fois réalisées, m'apparaissent divisibles et, qui plus est, mesurables. Je puis prendre l'une quelconque d'entre elles, chercher combien de fois elle en contient une autre, combien de fois elle se trouve contenue dans une troisième. J'ai donc là une excellente base d'opérations arithmétiques, une matière des plus fécondes pour le calcul.

Il est incontestable, cependant, que l'intuition

de l'espace ou de l'étendue ne joue aucun rôle dans l'arithmétique ou dans l'algèbre, telles que ces deux sciences sont actuellement constituées; le nombre mathématique est un nombre tel, que l'esprit le conçoit, abstraction faite de toute représentation, et qu'il applique, comme l'a fort bien remarqué Locke, non-seulement aux choses qu'il perçoit, mais à ses propres modes.

On n'en est pas moins obligé d'admettre que la spéculation mathématique, sinon la conception du nombre, est née presque tout entière de la considération de l'étendue (1). C'est l'étendue qui, dans le principe, servit de support aux premières opérations du mathématicien. Plus tard, seulement, les lois mathématiques apparurent dans leur universalité, et les rapports de nombre s'offrirent à l'esprit, tels qu'ils doivent être conçus, c'est-à-dire indépendants des objets de l'intuition externe.

Ainsi, pour arriver à la constitution des sciences mathématiques, l'esprit suit une marche dialectique dans laquelle on peut distinguer trois moments :

1° Élaboration du concept de nombre par 'esprit;

2° Élaboration des opérations mathématiques par l'esprit aidé de l'intuition externe;

3° Constitution des sciences mathématiques par

____

(1) Cf. Magy. *De la Science et de la Nature*, p. 10 et 11.

l'esprit qui arrive à concevoir les rapports et les propriétés des nombres abstraction faite de toute application à un objet spécial d'intuition interne ou externe.

Ainsi, le nombre n'est ni une propriété exclusive de l'âme, ni une propriété exclusive du corps. Le nombre est une catégorie ; il s'affirme de la matière comme de tout objet de pensée. Donc la science des nombres proprement dite ne peut, à elle seule, apporter à la métaphysique de la nature le moindre éclaircissement.

La science des nombres est indépendante des sciences de la nature, et le nombre n'est pas, comme le prétendait Locke, une qualité de la matière (1).

III. — La science des nombres ne peut rien pour la philosophie première ; le nombre est une catégorie et non pas seulement un attribut des corps. Il n'en est point de même de l'étendue et de

____

(1) Cette dissertation sur le nombre a l'apparence d'un hors-d'œuvre ! Elle était pourtant nécessaire. *A priori*, aucune raison ne nous dispensait de l'examen des sciences fondées sur les qualités premières ; *a priori* aucune raison ne nous permettait de rayer le nombre de la liste de ces qualités. Ce que nous avons fait pour la science des nombres, nous allons le faire pour les sciences de la figure et du mouvement. Dussions-nous arriver à un résultat négatif, il nous semble tout au moins nécessaire d'interroger avec le plus grand soin et de déterminer aussi exactement que possible les causes de nos échecs.

la figure ; l'une et l'autre s'affirment de la matière et de la matière seule. Donc la géométrie semble devoir être comptée parmi les sciences de la nature.

Qu'on ait tenté d'expliquer empiriquement la connaissance des figures géométriques, rien de plus naturel. Quand vous démontrez une proposition, vous faites une figure au tableau, et cette figure ressemble, à s'y méprendre, à la silhouette d'un objet réel. Vous avez pris un objet quelconque, vous en avez découpé le dedans ; puis, quand il ne lui est plus resté que ses contours, vous en avez remarqué les irrégularités ; l'imagination aidant, ces irrégularités ont disparu, et c'est ainsi que se sont formées en vous les images du cube, du parallélipipède, du cone, de la sphère, etc.

Considérant un cube, vous avez fait abstraction de sa profondeur, et le cube dépouillé de sa troisième dimension est devenu un carré ; ainsi avez-vous passé de la représentation des volumes à celle des surfaces ; ainsi descendrez-vous de la représentation des surfaces à celle des lignes. L'expérience et l'abstraction, voilà donc les deux facteurs du monde géométrique.

L'explication est simple, mais elle est inexacte. D'abord la certitude des démonstrations en géométrie est une certitude inconditionnelle, apodictique. La démonstration est impliquée dans les définitions, et ces définitions sont posées par l'esprit en vertu d'un droit supérieur aux droits que confère l'usage des sens. Nul ne conteste ce droit.

En second lieu, il est à remarquer que la définition des surfaces suppose et implique la définition des lignes, que la définition des volumes est postérieure à celle des surfaces. La géométrie plane précède la géométrie dans l'espace ; donc l'esprit, dans la génération des figures, paraît suivre un ordre précisément inverse à l'ordre indiqué plus haut.

Enfin, parmi les figures géométriques, il en est un grand nombre, dont la représentation resterait inexplicable s'il fallait en rendre compte à la manière des empiriques ; le géomètre opère sur une variété de figures dont on chercherait vainement l'analogue dans le monde extérieur.

En présence d'une solution aussi peu satisfaisante, on est tenté de recourir à la doctrine de l'innéité ; les partisans de cette doctrine, et, parmi eux les plus autorisés, inclinent visiblement à penser que nous naissons l'esprit meublé de figures. Dès le début, nous ne les apercevons pas, mais la perception des choses sensibles vient les rendre lumineuses à la conscience ; ainsi le veulent, entr'autres, Platon et Malebranche.

Cette explication peut séduire, mais elle ne

résiste pas à l'examen. D'abord, chacun de nos concepts innés est une catégorie, je veux dire une forme de pensée applicable à tout objet possible ; ainsi la cause, la substance, le nombre même ; le moi et le monde extérieur participent des uns comme des autres. Le monde extérieur seul reçoit l'étendue et la figure ; donc prétendre que les formes géométriques résident en nous à l'état d'innéités, revient à transformer l'âme en une sorte « d'espace intelligible », et l'âme répugne à l'espace.

Entre ces deux solutions, toutes deux inacceptables, vient se placer la solution de Kant. L'auteur de la *Critique de la raison pure* distingue profondément entre les « connaissances par concepts » et les connaissances par « *constructions des concepts.* »

Les connaissances par constructions des concepts sont rationnelles comme les autres ; elles se reconnaissent à ce signe, que certaines intuitions leur correspondent et que l'esprit peut les représenter sans recourir à l'expérience. Les concepts géométriques sont dans ce cas, parce qu'ils ont pour objets des quantités et qu'ils se rapportent à l'intuition de l'espace. « Ainsi je construis le concept
» du triangle en représentant l'objet correspondant
» à ce concept, soit par la simple imagination dans
» l'intuition pure, soit même, d'après celle-ci, sur
» le papier, dans l'intuition empirique, mais dans

» les deux cas, tout-à-fait *a priori*, sans en avoir
» tiré le modèle de quelque expérience » (1).

En d'autres termes, l'espace est donné d'une
part, de l'autre est donnée l'activité de l'entendement, ou, mieux encore, de l'imagination, et la
géométrie va naître.

Mais, si l'espace apparaît à l'homme doué d'une
existence objective, le philosophe sait, qu'au fond,
il n'en est rien; l'espace est une forme de l'intuition
dont l'esprit est le créateur. Donc il ne semble pas
que pour construire les figures, l'esprit ait besoin
d'aucun secours étranger.

Qu'on ne se hâte point de conclure. L'espace
est une forme de la sensibilité, disons mieux, c'est
une forme de l'intuition imposée par l'esprit aux
phénomènes. Mais l'intuition de l'espace est celle
d'un contenant vide, indéterminé; d'autre part,
l'entendement ne semble point posséder les concepts géométriques à l'état d'innéités; le problème
semblerait insoluble, car il s'agit d'expliquer comment un espace vide peut être meublé par un entendement vide.

D'abord, si nous ne naissons point avec l'intuition *a priori* des concepts géométriques, nous
naissons avec un entendement qui, pour n'être
point riche, apporte avec lui-même de quoi s'enri-

---

1) *Critique de la raison pure*, trad. Barni, t. n, p. 287.

chir. A en croire certains rationalistes, l'âme viendrait au monde toute dotée ; ce n'est pas ainsi que
les choses se passent. L'entendement possède une
activité originelle dont la puissance est presque
sans bornes, dont la fécondité est presque inépui-
sable. Mais cette puissance ne servirait de rien,
mais cette fécondité demeurerait éternellement
stérile si le monde extérieur ne lui fournissait des
éléments de travail. Ici, comme ailleurs, l'expérience doit intervenir.

Suivant nous et selon l'auteur d'une remarquable thèse sur les *Définitions géométriques,*
l'esprit ne serait point l'agent unique des déterminations de l'espace ; pour garnir l'espace, il aurait
besoin du mouvement.

« Donnez-moi la matière et le mouvement,
» disait Descartes, et je créerai le monde. De même
» le mathématicien pourrait dire : Donnez-moi
» l'espace et le mouvement, et je créerai la géo-
» métrie (1). » Or, si l'espace est donné antérieurement à toute expérience, il n'en saurait être de
même du mouvement. La notion de mouvement
est dérivée de la perception des objets mobiles (2).

____

(1) Liard. *Loc. cit,* p. 47.

(2) Le concept du mouvement « présuppose la perception de quelque
« chose de mobile. Or, dans l'espace considéré en soi, il n'y a rien de
« mobile; il faut donc que le mobile soit quelque chose que l'expérience
« seule peut trouver dans l'espace, par conséquent une donnée empi-
« rique. » — Kant. *Loc. cit.,* t. I, p. 96.

Il serait intéressant d'assister à la création de ce monde idéal de lignes, de surfaces et de volumes; on verrait comment de la construction de la ligne on passe à la construction des autres figures, toujours à l'aide du mouvement, et grâce à cette propriété sans laquelle l'espace est inconcevable, la propriété d'avoir trois dimensions; mais cela seul nous importait, de savoir, dans quelle mesure l'expérience extérieure vient au secours du géomètre, et nous n'avons plus maintenant à nous le demander. Sans le mouvement, point de géométrie, mais sans l'intuition externe, point de mouvement.

Prenons-y garde cependant et n'allons pas jusqu'à dire que c'est de la considération des choses du monde extérieur qu'est née tout entière la science du géomètre; on a réfuté l'empirisme et on l'a condamné sans appel. Sans doute nous croyons devoir faire à l'expérience sa part, mais quelle part lui faisons-nous? Une part aussi faible que possible; nous lui empruntons de quoi construire les figures, mais c'est l'esprit seul que nous chargeons de ce soin; d'un grain de sable il fait jaillir un univers.

Cet univers, peuplé de formes rigides et immobiles, régi par des lois dont la nécessité ne veut jamais être mise en question, cet univers, dis-je, n'est point le monde où l'homme s'agite. Ici et là nous trouvons l'étendue, ici et là nous trouvons la forme ; mais quel rapport établir entre cette étendue réduite à elle-même, et qui n'est qu'étendue et que figure, et cette autre étendue résistante, impénétrable, lumineuse et sonore qui est celle des choses concrètes et des objets qui s'offrent à notre perception (1) ?

Quel rapport établir entre les *figures* et les formes des choses sensibles ? A première vue, la figure paraît impliquée dans la forme, on dirait même qu'elle lui sert de canevas ; pure illusion. Cette apparence tient précisément à la richesse de l'esprit humain et à son pouvoir de construire les concepts géométriques ; il les retrouve en quelque sorte sous les formes des objets perçus, mais, pour les y trouver, il a dû préalablement les y mettre. On l'a vu d'ailleurs : si la notion de figure dérivait de l'expérience, jamais la spéculation mathématique ne s'étendrait jusqu'où elle s'étend, jamais elle ne s'appliquerait à des représentations pures de toute analogie avec les formes données dans l'intuition sensible.

____

(1) « Deux grandeurs géométriques, de quelque espèce qu'elles soient,
» sont dites égales lorsqu'on peut transporter l'une des deux, en ne
» changeant rien en elle, de manière qu'elle coïncide complètement avec
» l'autre. » — Duhamel. *Des méthodes dans les sciences de raisonnement.*
2ᵉ partie. — L'étendue géométrique n'est donc pas impénétrable.

L'étendue est peut-être une qualité essentielle des corps, mais cette étendue n'a rien ou presque rien de commun avec celle du géomètre, et la géométrie ne peut prétendre au titre de science de la nature.

CHAPITRE III

I. La mécanique malgré sa forme déductive fait appel à l'expérience.
Du mouvement et de sa mesure. De l'inertie et de la loi d'inertie :
sens et portée de cette loi. — II. De la force et de sa mesure par la
vitesse et par la masse. Proportionnalité des forces aux vitesses et
aux masses : quantité de mouvement. — III. De la force et de sa
mesure par le poids. — IV. Définition générale de la force mécanique
et conséquences métaphysiques de cette définition. Elle paraît impliquer le dynamisme et donner gain de cause à la philosophie des
monades; au fond il n'en est rien. La mécanique considère les forces
comme extérieures à la matière; quant à la matière elle l'envisage à
un point de vue essentiellement abstrait. Toute conclusion métaphysique est, pour le moment, impossible.

CHAPITRE III

EXAMEN DES SCIENCES RATIONNELLES. — 2ᵉ PARTIE : DU MOUVEMENT ET DE LA FORCE SELON LA MÉCANIQUE.

I. — Le mouvement est une forme de l'être donnée dans l'expérience, et la mécanique n'est pas une science fondée exclusivement sur des concepts *a priori*. Ses propositions revêtent une forme déductive, mais son objet prend sa source dans l'intuition extérieure.

« Les données premières d'où résultent les lois
» de ce monde idéal (le monde des géomètres), dit
» M. Duhamel (1), seraient insuffisantes pour dé-
» terminer celles du monde *matériel* au milieu
» duquel nous vivons. Les sciences qui en dépen-
» dent seront fondées sur des principes qui ne
» pourront être obtenus que par l'observation de
» la nature, puisque ce monde n'a rien de néces-

____

(1) *De la méthode dans les sciences de raisonnement*, 3ᵉ partie. Avant-propos. — Paris, Gauthier-Villars, 1870.

» saire et aurait pu être créé tout autre qu'il
» n'est réellement.

» Dans cette étude du monde réel, il convient
» de s'occuper d'abord des propriétés les plus
» simples et les plus générales de la matière. Il en
» est une qui est commune à tous les corps, quelle
» que soit la nature particulière de la matière qui
» la compose : c'est la mobilité. »

Donc, la connaissance par la perception extérieure d'une matière mobile est la condition *sine
qua non* de la mécanique, et la mécanique peut
être considérée dès à présent comme l'une des
sciences de la nature.

La mécanique se divise naturellement en deux
parties : la première a pour objet le mouvement,
la seconde a pour objet la force.

Un corps est dit en mouvement lorsqu'il occupe successivement dans l'espace différentes positions ; c'est par le mouvement qu'on explique, en
géométrie, la génération des lignes des surfaces,
des volumes. Mais, dans la considération du mouvement géométrique, on ne tient compte que du
déplacement dans l'espace. Dans la cinématique,
intervient une notion nouvelle : la notion de temps.

C'est qu'en effet, le concept de mouvement,
tout dérivé qu'il est de l'expérience, ne saurait
devenir objet de pensée sans la double forme de

l'intuition *a priori*; de là vient que tout mouvement perçu ou même simplement imaginé, amène deux notions à sa suite : 1° celle d'un chemin parcouru; 2° celle d'un temps écoulé. Pour mesurer le mouvement, il faut donc, au préalable, savoir mesurer le temps. Essayons de nous expliquer comment cette mesure est possible.

Le temps est le milieu dans lequel se développe la vie de la conscience; aussi, l'intuition du temps ne saurait, par elle-même, offrir aucune figure. En revanche, l'espace se laisse imaginer; si pauvre qu'on se le représente, on ne peut lui refuser les trois dimensions. Ce n'est pas tout : on sait, et la géométrie en est la preuve, que l'espace se prête à une sorte de démembrement fictif et consent à être dépouillé par nous de sa profondeur et de sa largeur; s'il en était autrement, la géométrie des lignes serait inabordable, et, par conséquent, la géométrie tout entière. L'espace une fois démembré, le temps en profite, lui emprunte sa seule et unique dimension, et revêt, grâce à cet emprunt, une sorte d'apparence extérieure; ainsi qu'on a situé les corps dans l'espace, ainsi va-t-on placer dans le temps, la succession des états psychologiques.

Ce n'est pas tout : une fois métamorphosé en espace, le temps, lui aussi, va pouvoir se diviser; on se le représentera par une ligne, et par la division de cette ligne en parties égales, on simulera les parties égales du temps, ou, si l'on veut, les durées partielles dont la somme compose cette quantité indéfinie et imaginaire qu'on appelle la durée.

Mais le temps fuit, et comme dit Aristote, « le temps est mouvement »; il ne suffit point alors d'imaginer une ligne, il faut en outre se représenter sur cette ligne un corps en mouvement.

Soit donc une ligne AB : Je la divise en parties égales; à côté de cette ligne, j'en construis une autre, DC, que je divise, comme la première, en parties de même étendue.

L'étalon dont je me sers pour partager AB, peut n'être pas celui dont je me servirai pour diviser DC; mais cela importe peu. Il suffit que de part et d'autre la division soit effectuée en parties égales.

Maintenant j'imagine deux points se mouvant, l'un sur la ligne AB, l'autre sur DC. Les divisions de la première ligne n'étant pas nécessairement égales aux divisions de la seconde, je n'ai aucune raison de croire que le nombre de divisions parcourues sera égal de part et d'autre; quand bien même, d'ailleurs, il en serait ainsi, que serait-on en droit de conclure? N'oublions pas nos conventions et souvenons-nous que la ligne AB représente la durée; DC représentant l'espace, il en résulte l'impossibilité d'établir entre elles aucun rapport d'égalité; on ne peut dire d'une quantité donnée de temps qu'elle *est égale* à une quantité donnée d'espace. En revanche, on peut très-bien dire d'une portion quelconque de durée qu'elle *correspond* à une portion d'étendue.

La question est précisément de savoir quelle quantité de AB correspond à une quantité déterminée de DC.

Pour cela j'arrête mes deux points mobiles et je recherche l'espace qu'ils ont parcouru l'une et l'autre; je compte sur AB, t divisions, par exemple, et sur DC un nombre de divisions égal, je le suppose, à e. Le rapport du temps écoulé à l'espace parcouru sera donc égal à $\dfrac{e}{t}$.

Les deux quantités e et t sont deux quantités dont l'expression est variable. Selon les circonstances, je puis supposer, par exemple, que le point mobile de AB ait parcouru $2t$ divisions, c'est-à-dire en langage ordinaire, que le temps écoulé devienne double. Comment les choses se passeront-elles alors, sur la ligne DC?

De deux choses l'une : ou la quantité e deviendra égale à $2e$, et alors je pourrai établir la proportion suivante :

$$\frac{e}{t} = \frac{2e}{2t}$$

en d'autres termes : le rapport entre les espaces
parcourus et les temps employés à les parcourir
est un rapport constant;

Ou la quantité t s'augmentant d'une quantité
égale à elle-même, la quantité e s'augmentera,
mais d'une quantité triple, quadruple, ou bien encore elle ne s'augmentera que de sa moitié, ou de
son tiers.

Nous voilà donc en présence de deux conceptions possibles, parce que dans la construction des
lignes AB et DC, je n'ai déterminé entre elles
aucun rapport de position, parce que je n'ai imposé *a priori* aucune condition au mouvement des
deux mobiles. Ces deux mobiles sont indépendants
l'un de l'autre, ainsi que les lignes sur lesquelles
ils se déplacent ; je ne puis donc affirmer *a priori*
que les quantités de déplacement seront toujours
proportionnelles. La constance du rapport $\frac{e}{t}$ ne me
semble nullement nécessaire : elle n'est que possible.

Mais si elle est possible, à quelles conditions
l'est-elle ? La réponse est embarrassante; tout ce
que nous pouvons dire, c'est que, dans l'exemple
proposé, dès l'instant qu'à une quantité t d'espace
AB, nous faisons correspondre une quantité e
d'espace DC, nous admettons tacitement que si
l'on double t, e se trouvera doublé par cela même,

*à moins qu'il ne survienne un changement quel-
conque dans les conditions du mouvement;* mais
ces conditions nous restent inconnues, donc il
nous est interdit d'affirmer que dans tous les cas
possibles les parties aliquotes de DC correspon-
dront toujours, et dans le cours d'un même mouvement aux mêmes parties aliquotes de AB.

Les parties de AB représentent des durées
égales, et le rapport des parties de DC à celles de
AB représente ce qu'on appelle la *vitesse,* qui se
définit en mécanique : « le rapport de l'espace
» parcouru au temps employé à le parcourir » (1).

Pour mesurer le mouvement, il faut savoir
mesurer le temps ; mais pour mesurer le temps,
on doit préalablement se le représenter sous la
forme d'un mobile parcourant un espace, d'où il
suit que la mesure du temps implique déjà une
certaine mesure du mouvement.

Mais dans la mesure complète du mouvement,
deux facteurs interviennent : le déplacement dans
l'espace et la durée qui s'écoule pendant le déplacement. Or, de ces deux quantités, on sait déjà
mesurer la première, et la question de savoir de
quelle quantité un mobile se déplace est indépendante de la question de savoir en combien de
temps il se déplace. Voilà pourquoi la mesure du

____

(1) Burat. *Précis de mécanique.* — Paris, Masson, 1875.

mouvement peut devenir une méthode pour mesurer le temps, et la mesure du temps intervenir à son tour dans la mesure du mouvement, sans qu'il y ait, dans cette démarche, l'ombre d'un cercle vicieux :

1° Les sens perçoivent le mouvement, c'est-à-dire des corps se déplaçant dans l'espace ;

2° La conscience perçoit le mouvement dans la durée ;

3° L'imagination intervient, et par l'intermédiaire du mouvement et de l'espace, elle nous offre un moyen de nous représenter le temps, de le diviser, de le mesurer.

Or, si tout déplacement sur la ligne de l'espace exige, pour ainsi parler, un déplacement sur la ligne du temps, il en résulte qu'à tout espace parcouru correspond un temps écoulé ; mais on peut mesurer le temps, donc on peut mesurer la vitesse, c'est-à-dire le rapport de l'espace au temps.

Ceci posé, tantôt le rapport entre les deux quantités e et t est un rapport constant, et le mouvement est uniforme ; tantôt e varie indéfiniment, et ce n'est que par une assimilation fictive du mouvement varié à une série de petits mouvements uniformes se succédant de seconde en seconde, que le calcul de ce mouvement devient possible.

Le calcul du mouvement varié est postérieur au calcul du mouvement uniforme ; de même la

conception du mouvement uniforme est, selon toute apparence, antérieure à celle du mouvement varié.

Intuition *a priori* d'un espace divisible et d'un temps forme du sens interne, intuition *a posteriori* du mouvement, représentation du temps par le moyen des deux intuitions précédentes, mesure du temps, voilà sur quels fondements métaphysiques repose la science du mouvement ou cinématique.

Les données de cette science ont une source mixte, mais il est aisé de voir que le rôle de l'expérience y est à peu près nul ; elle nous apporte l'intuition du mouvement, puis cela fait, se retire, laissant l'esprit et l'imagination construire leurs concepts. Ainsi l'on peut, dès à présent, assimiler la connaissance des notions fondamentales de la cinématique aux connaissances géométriques, et donner aux unes comme aux autres le nom de « connaissances par construction des concepts » ; nous avons essayé, pour notre propre compte, de construire *a priori* le double schème du mouvement uniforme et du mouvement varié.

Passons à la loi d'inertie et aux principes de la dynamique :

1° Un mobile ne peut de lui-même passer de l'état de mouvement à l'état de repos ;

2° Une fois en mouvement, sa vitesse demeure

constamment la même en grandeur et en direction, autrement dit, son mouvement ne cesse point d'être rectiligne et uniforme, *à moins qu'une cause extérieure n'agisse sur lui* (1).

Tel est le double énoncé du principe fondamental de la science des forces et qu'on appelle le *principe d'inertie.*

Ce principe, dont la fécondité scientifique ne saurait être mise en doute, paraît avoir également une sorte de fécondité métaphysique dont il importe dès maintenant de nous rendre compte.

En effet : 1° Si la matière est inerte la cause de son mouvement lui est extérieure, et la contingence du mouvement implique la transcendance du premier moteur ;

2° Si la matière est inerte, c'est-à-dire indifférente au mouvement et au repos, il s'ensuit qu'aucun de ces deux états ne lui est essentiel. Or, si la matière existait par elle-même, elle aurait de toute nécessité fait un choix entre le mouvement et le repos, ce qui est contraire à l'expérience. Donc la matière n'existe point par elle-même et son inertie prouve sa contingence (2).

Ces arguments seraient irréprochables, s'il fal-

____

(1) *Cf.* Delaunay. *Traité de mécanique rationnelle*, p. 105.

(2) Nous empruntons cet argument au *Matérialisme contemporain* de M. Paul Janet.

lait voir dans le principe de l'inertie l'expression d'une vérité de fait; mais rien ne prouve qu'il en soit ainsi; un *principe*, d'ailleurs, n'est-il pas une vérité supérieure à tout contrôle de l'expérience, et l'inertie de la matière n'est-elle point posée par la science comme le sont d'ordinaire les axiômes et les propositions d'évidence immédiate?

C'est ce dont il faut nous assurer sans retard.

Rappelons-nous ce qui a été dit du mouvement uniforme : le concept en peut être construit antérieurement à toute expérience; de même pour le concept du mouvement varié. Mais, bien que ces deux concepts soient issus l'un et l'autre de la considération de figures construites par l'imagination, et en dehors de toute intuition sensible, il n'en reste pas moins vrai que la notion de mouvement uniforme est la première en date, et que, par conséquent, il faut plus de données pour l'explication du mouvement varié que pour celle du mouvement uniforme.

Où prendre ces données? Ici encore on peut se représenter deux cas : dans le premier, la cause de l'accélération ou du ralentissement est l'acte propre du mobile; dans le second cas, les causes de variation dans la vitesse sont indépendantes du point en mouvement; il les subit, mais il ne les produit pas.

Entre ces deux cas, tous deux possibles, la

raison demeure indifférente; si elle choisit la première hypothèse, c'en est fait du principe et de la dynamique tout entière; si elle choisit la deuxième, elle respecte la science, mais elle est, d'autre part, incapable de justifier son choix. Donc il n'est point de déduction rationnelle possible du principe d'inertie.

Ce principe n'est pas un axiôme; il ne peut se déduire *a priori*.

On est donc conduit à le regarder, soit comme une hypothèse, soit comme une généralisation de l'expérience.

Admettons qu'il soit une hypothèse; mais pour supposer la matière inerte, il faut opérer la synthèse de deux concepts, le concept de matière et le concept d'inertie.

Le premier nous vient de l'expérience; d'où nous vient le second?

Il n'est point donné *a priori*; il n'est point donné dans la conscience; la notion d'inertie ne peut s'affirmer que des êtres mobiles; la mobilité ne s'affirme, à son tour, que des êtres en relation avec l'espace; donc ni l'une ni l'autre de ces deux notions ne convient aux modes de la conscience.

Si le concept d'inertie ne dérive point de l'intuition psychologique, il faut, de toute nécessité, qu'il ait une origine empirique et qu'il naisse de la considération des objets du monde extérieur. Mais s'il est fondé sur des intuitions objectives et sensibles, le principe d'inertie peut fort bien, ce nous semble, n'être plus regardé comme une hypothèse; du rang d'hypothèse il s'élèvera au rang de vérité d'induction, de loi de la nature. Est-ce ainsi qu'on le considère en mécanique?

« Les lois de la dynamique, nous dit M. Delau-
» nay (1), n'ont pu être établies qu'en partant d'un
» certain nombre de principes ou vérités fonda-
» mentales, dont la connaissance a été puisée dans
» l'observation de ces faits. *Ces principes ne sont*
» *pas d'une évidence absolue;* il a fallu des
» hommes de génie pour les démêler dans les phé-
» nomènes qui s'accomplissent sur la terre et dans
» l'univers. Aussi la vérité de ces principes ne
» peut-elle pas être reconnue d'une manière com-
» plète *a priori*; on ne peut que faire concevoir
» leur existence, au moyen de certains exemples
» de phénomènes dans lesquels chacun d'eux se
» manifeste d'une manière spéciale. Mais leur
» exactitude est rendue incontestable par l'exacti-
» tude des conséquences qu'on en déduit au
» moyen d'une suite de raisonnements rigoureux.
» La plus grande preuve de cette exactitude se
» trouve dans l'accord des mouvements, des corps
» célestes avec les lois théoriques de ces mouve-

_____

(1) *Mécanique rationnelle,* p. 104.

» ments obtenus en se fondant sur les principes
» de ces mouvements. »

A l'avant-garde de ces principes figure le principe d'inertie. Mais, s'il faut en croire le savant
illustre auquel nous avons laissé la parole, le principe d'inertie, quoique dérivé de l'expérience,
quoique réfractaire à tout essai d'explication rationnelle, ne peut néanmoins être regardé comme
une généralisation de l'expérience.

La loi de la chute des corps, par exemple, est
d'origine expérimentale; on sait de science certaine
que les corps tombent et à quelles conditions leur
chute est soumise; mais *on ne sait point* que les
corps inorganiques sont inertes. Tout ce que l'on
peut dire, c'est que s'ils ne l'étaient point, on
expliquerait difficilement pourquoi le mouvement
persiste tant qu'il ne rencontre aucun obstacle,
pourquoi le mouvement des astres ne s'est point
altéré depuis le moment où on les observe, etc.;
l'explication par l'inertie est donc bien, comme
le voulait Laplace, la plus naturelle et la
plus simple de toutes. Mais dire que l'hypothèse
de l'inertie est une hypothèse simple, issue des
faits, en confirmation avec les faits, qu'elle peut
servir de principe à une longue chaîne de raisonnements mathématiques, et par conséquent de
vérités nécessaires, c'est à la fois donner les raisons
qui défendent d'ébranler son autorité, et recon-

naître en même temps que cette autorité n'est point absolument inébranlable.

Scientifiquement parlant, il serait absurde de contester « le principe d'inertie », parce qu'il serait absurde de frapper d'interdit la dynamique tout entière ; mais, du côté métaphysique, il n'y aurait rien d'absurde à traiter la loi d'inertie comme une pure hypothèse, ou, si l'on veut, comme un postulat, et par conséquent à soutenir qu'à défaut de ce postulat, un autre aurait pu tout aussi bien s'offrir à un homme de génie, et se trouver tout aussi bien d'accord avec les faits d'expérience. L'harmonie préétablie, de Leibniz, par exemple, implique, je ne dis pas seulement la négation de l'inertie, mais encore la négation de la mobilité et du mouvement. Est-elle en désaccord avec les principes de la dynamique ? En aucune façon ; l'inertie est respectée au moins dans la forme ; elle reste l'objet d'une hypothèse qui, pour expliquer d'une manière plausible certaines de nos perceptions, n'en demeure pas moins contestable, sinon titre de loi des phénomènes, du moins à titre de « loi des choses », de « propriété essentielle. »

L'inertie est donc une hypothèse, et le principe d'inertie n'est rien de plus qu'un *postulat*.

II. — Etant admis :

1° Qu'un point matériel ne peut, de lui-même, passer du repos au mouvement ;

2° Qu'étant en mouvement, il ne peut, de lui-même, en modifier la direction ou la vitesse ;

3° Que l'esprit conçoit le mouvement comme possible et non point seulement le mouvement uniforme, mais encore le mouvement varié ; l'introduction d'une donnée nouvelle devient nécessaire, et de la double notion d'inertie et de mouvement va se dégager la notion de *force*. Qu'est-ce que la force ?

La force peut se définir en fonction des concepts desquels nous l'avons déduite. Alors on ap-appelle force, *toute cause quelconque de mouvement ou de modification de mouvement.*

Cette définition ne peut être regardée comme une définition nominale ; le mot force est indissolublement uni à l'idée qu'il représente, et cette idée est suffisamment claire. Donc, point d'équivoque possible sur le sens du mot force.

Quand il s'agit de définir la force, la difficulté n'est pas grande. Il n'en est point de même quand il s'agit de la *mesurer* ; la science met à notre disposition trois modes de mesure profondément distincts : tantôt on évalue la force par l'intermédiaire du produit de la masse et de la vitesse ; tantôt on la mesure par le poids, c'est-à-dire à l'aide du kilogramme ; tantôt enfin on l'exprime en kilogrammètres.

Le poids, le produit mv, le kilogrammètre, ce

sont là trois quantités irréductibles : comment donc, si la force est partout et toujours une cause de mouvement ou de modification de mouvement, comment, dis-je, peut-elle recevoir trois expressions mathématiques aussi différentes? Voilà ce qu'il importe d'éclaircir.

Considérons la force en tant qu'elle s'exprime par l'intermédiaire de la masse et de la vitesse, et pour cela, revenons au mouvement et à sa mesure.

Soit un point matériel en mouvement; d'après le principe d'inertie, ce mouvement est l'acte d'une force et il s'agit de mesurer cette force.

Mais c'est demander l'impossible, car la force ne se laisse point ramener an nombre, et l'on ne peut, en aucun cas, la mesurer directement.

Devant cette impossibilité manifeste, on considère, non plus la force, qui n'offre aucune prise au calcul, mais les effets de la force, et dans le cas actuel, le mouvement.

Calculer un mouvement revient à en calculer la vitesse, ce que nous savons faire; or, même en supposant notre mouvement uniforme, il faudra lui assigner pour origine l'action d'une force quel-conque; sa vitesse dépendra donc nécessairement d'une force extérieure, et l'énergie de cette force sera jugée d'autant plus grande que le mouvement sera plus rapide.

De là un nouveau principe, conséquence pour ainsi dire immédiate et directe du principe d'inertie, et qu'on appelle *le principe de la proportionnalité des forces aux vitesses*.

Il peut arriver, cependant, qu'une même force appliquée à deux mobiles ne leur communique point la même vitesse, c'est-à-dire leur fasse parcourir, dans une même partie de la durée, des espaces inégaux. De là l'hypothèse, ou, pour mieux dire, l'inférence d'une qualité nouvelle, jusqu'à présent négligée, et dont la présence au sein des corps est supposée les rendre plus ou moins dociles à l'action des forces. Cette qualité s'appelle *la masse*. La cinématique n'en tient aucun compte. Dans la mesure du mouvement, proprement dit, on ne s'occupe, en effet, que de la direction ou de la vitesse, et l'on fait abstraction de la force. En dynamique, il n'en peut être de même, et l'intervention de la masse est absolument nécessaire.

Qu'est-ce que la masse ? La masse est une quantité mathématique dont l'expression est égale à $\frac{P}{g}$, autrement dit au poids du corps divisé par 9,8. Le nombre g représente ce qu'on appelle en mécanique : « l'accélération due à la pesanteur. » P s'évalue en kilogrammes.

Ceci posé, il est clair que, si pour mouvoir un point matériel de masse 1, il faut une force d'intensité 2; pour mouvoir une masse double, les vitesses restant les mêmes, il faudra une force d'intensité double, et dans le cas actuel, d'intensité 4. De là ce second principe : « les forces sont proportionnelles » aux masses auxquelles elles communiquent » les mêmes vitesses dans les mêmes circons- » tances (1). »

Mais déjà les forces sont proportionnelles aux vitesses; donc étant proportionnelles aux masses et aux vitesses, elles le seront à leur produit; d'où le théorème dont voici l'énoncé : « Les forces sont » entre elles comme les produits des masses des » points matériels sur lesquelles elles agissent » par les accélérations qu'elles leur communi- » quent (2). »

Le produit *mv* de la masse par la vitesse représente ce qu'on appelle en mécanique la *quantité de mouvement*, et c'est par elle qu'on mesure la force. Donc à l'expression « quantité de force », on pourrait, sans rien changer au fond des choses, substituer l'expression : « quantité de mouvement. »

____

(1) *Cf.* Renouvier. *Essais de critique générale.* Premier essai, t. I, p. 336. — On trouvera dans ce volume, et aux pages 335-367, une analyse très-étendue et très-profonde des *Principes de la dynamique.*

(2) Delaunay. *Loc. cit.*, p. 121.

III. — Le produit *mv* n'est pas la seule expression possible de la force. La masse, d'ailleurs, est une quantité dont on n'obtient la mesure que par l'intermédiaire du poids. L'intervention du gramme ou du kilogramme est donc nécessaire pour mesurer une quantité donnée de mouvement.

On sait, d'autre part, que le poids est l'effet de la pesanteur, et que la pesanteur est une force ; en effet, la pesanteur agit sur tous les corps, et, si rien ne venait contrarier son action, elle leur imprimerait, à tous, un mouvement qui les dirigerait vers le centre de la terre.

Or, quand on fait obstacle à la pesanteur, les corps cessent de tomber ; en même temps, ils exercent sur l'obstacle une pression dont l'intensité se mesure à l'aide de certains appareils. Grâce à cette mesure, on peut déterminer le poids d'un corps.

Ceci posé, on se sert du poids d'un corps pour évaluer l'énergie de la force qui tend à le faire tomber. Mais toute force peut être assimilée à la pesanteur ; donc l'unité de poids et ses multiples se trouvent par cela même investis du droit de représenter, non plus seulement l'énergie de la pesanteur, mais encore l'intensité de toutes les forces (1).

------

(1) Cf. Delaunay. *Loc. cit.*, p. 107.

On a défini la force, toute cause capable de produire ou de modifier un mouvement ; cette définition subsiste, quel que soit, d'ailleurs, le mode d'évaluation de la force. Nous l'avons démontré dans le cas de sa mesure par le produit *mv*, dans le cas de sa mesure par le poids ; il resterait à le démontrer pour une troisième manière de mesurer la force ; je veux parler ici de son expression en kilogrammètres.

Le kilogrammètre est un produit de deux quantités hétérogènes, d'un poids par une longueur. Pour élever un poids à une certaine hauteur, un effort est nécessaire, et d'autant plus énergique, que le poids est plus lourd et la hauteur plus élevée ; cet effort reçoit, en mécanique, le nom de « travail. »

Ici, nous n'insisterons pas ; il est clair, pour tout le monde, que le travail se traduit par un déplacement dans l'espace, et que la force, ainsi entendue, ne déroge nullement à sa définition.

Reste à parler d'une quatrième signification : on donne le nom de force, non-seulement à toute cause capable de produire, mais encore à toute cause capable d' « empêcher un mouvement. »

Les deux définitions se heurtent, mais seulement en apparence (1).

____

(1) Cf. Renouvier. *Loc. cit.*, p. 341.

Dans le cas d'un point matériel sollicité par deux forces égales et de sens contraire, le point de mesure en repos; il n'en est pas moins possible de calculer la vitesse qu'il prendrait si l'une des deux forces cessait d'agir; toutes deux se font obstacle, et cependant chacune d'elles, prise à part, est une cause de mouvement. Donc, pour détruire un mouvement, il faut en produire un autre; disons mieux : pour faire passer de l'acte à la puissance une quantité donnée de mouvement, il faut produire, dans un sens contraire, une quantité égale de mouvement virtuel. Ce qui est donné en acte, ce n'est pas un mouvement, mais une pression qui, s'exerçant avec la même intensité dans les deux directions, réduit le point à l'immobilité. Donc, enfin, tout obstacle au mouvement est une cause de mouvement, c'est-à-dire une force.

IV. — Si, résumant les réflexions qui précèdent, nous cherchions une définition exacte et complète de la force de la mécanique, nous la trouverions dans cette formule : « La force est la pression ou » la tension qui agit sur un corps pour modifier » son état de mouvement ou de repos. »

Cette définition, dont M. de Saint-Robert est l'auteur (1), me semble préférable à toute autre,

____

(1) Cf. *Revue scientifique*. — Avril 1872.

car, outre la notion de mouvement sans laquelle la force mécanique est inintelligible, elle fait place à la notion d'effort qui en est également inséparable.

Cette définition, dans laquelle n'intervient aucune donnée métaphysique, semble pourtant de nature à nous suggérer la conception d'un univers pénétré de dynamisme et régi selon les principes du système des monades.

En effet, si le mouvement produit par une force n'est possible qu'au moyen d'une sorte de tension ou de pression, l'inertie ne revêt plus, dès-lors, l'apparence d'un attribut négatif. Pour donner une impulsion, il faut vaincre l'inertie; donc l'inertie est une force.

Mais là où la science parle de pression, la psychologie a le droit d'intervenir et de substituer au terme pression le terme d'*effort*. La notion d'effort, à son tour, fait partie d'un cortége de notions empruntées à la langue du psychologue et suggérées à l'âme par l'âme elle-même; l'effort implique l'unité, la simplicité métaphysique; la force implique la monade.

La monade, de son côté, ne reçoit point l'étendue; mais la mécanique, elle aussi, en fait table rase, puisqu'elle dépouille la matière de ses trois dimensions et ne lui conserve que la propriété de franchir l'espace : nouveau triomphe du dynamisme.

Quant à l'harmonie préétablie, on ne peut guère emprunter à la science positive des arguments en sa faveur; mais cette hypothèse, dictée par des raisons étrangères à la science, réussit à se mettre d'accord avec les lois des phénomènes; nulle difficulté à cet égard.

Voilà donc les conclusions auxquelles on arrive après une première inspection des principes de la dynamique; néanmoins, malgré la rigueur apparente des raisonnements, malgré le bien fondé des lois et des principes scientifiques qui leur servent de base, nous osons dire, après examen plus attentif, qu'elles sont prématurées.

D'abord, en prétendant que la mécanique donne gain de cause à la philosophie des monades, sous prétexte qu'elle ne tient aucun compte de l'étendue, et que ses lois sont applicables à une matière privée de dimensions, on se laisse tenter par une équivoque. Une distinction célèbre réussira bientôt à la dissiper. On peut, en effet, concevoir trois sortes de points : le point mathématique ou géométrique, sans dimensions et sans réalité ; le point physique, réel, mais avec dimensions; le point métaphysique, réel et sans dimensions. Le point métaphysique, voilà la monade.

Il est clair que ce point matériel, qui joue dans la dynamique un rôle de la dernière importance, n'a rien de commun avec le point métaphysique, et qu'en essayant de lui substituer la monade, on substitue un être réel à une abstraction. La philosophie gagne au change, mais non la mécanique, dont nul ne doit, ni fausser l'esprit, ni travestir les données.

Le point matériel est une importation de la géométrie ; voyez plutôt comment il se comporte : de lui, pour ainsi dire, on ne s'occupe pas, et l'on n'a égard qu'aux lignes qu'il décrit dans l'espace, qu'à la vitesse de son mouvement, qu'à l'énergie des forces qui lui sont appliquées. Le point matériel est une abstraction.

Étant une abstraction, il ne peut être doué de force ; il est inerte et n'a pas la *force d'inertie ;* cette fois encore on a substitué le point de vue interne et psychologique au point de vue externe et l'on a tout dénaturé.

En effet, on nous dit bien que pour mettre un corps en mouvement, il faut en vaincre l'inertie, « la force d'inertie », mais on ne songe nullement à donner à cette force pour lieu de résidence, la monade dont le point matériel paraissait tout à l'heure nous représenter l'image sensible. Ce qui fait que l'impulsion a pour antécédent une pression ou une tension, c'est que, aux yeux de la science, il n'est aucune espèce de point matériel qui ne soit sollicité par des forces ; ces forces le maintiennent au repos ou en mouvement; mais pour lui être appliquées, elles ne lui sont nullement intérieures. La force appliquée à un point lui vient d'ailleurs que de lui-même : elle n'est pas en lui, mais hors de lui; elle lui est en quelque sorte « attelée », donc le point matériel est véritablement inerte.

Cette force qui meut la matière ou l'invite à se mouvoir, émane toujours d'un point matériel situé dans le voisinage; mais ce point, à son tour, est sollicité par des forces qui émanent du premier; il en résulte alors une action réciproque, un échange d'actions et de réactions, non pas entre les points, mais entre les forces. En un mot, tant qu'on ne sort pas de la mécanique rationnelle, on doit considérer les points matériels comme des « centres d'application de forces » et non comme des « centres de forces. »

Dans ces conditions, le dynamisme est gravement compromis; d'autre part, on ne peut dire non plus que le mécanisme soit vainqueur; pour cela, il faudrait tout au moins avoir une solution toute prête à ces deux problèmes : 1° Qu'est-ce que la matière? Qu'est-ce que la force?

Or, voici la réponse de la mécanique : 1° la matière, c'est ce qui est mobile dans l'espace; 2° la force, c'est la cause du mouvement. Ou bien encore : 1° la matière est ce qui reçoit le mouvement;

2° la force est ce qui le donne. La question reste pendante.

Il est incontestable cependant que nous sommes plus en face d'une science pure de toute relation avec le monde extérieur ; en effet, si on récapitule les facteurs essentiels de la mécanique, on en trouve plus d'un qu'il serait impossible de traiter comme un concept d'origine rationnelle. D'abord : 1° la notion de mouvement est un résultat de la perception externe ; 2° la notion de force est une donnée de la conscience ; 3° le principe d'inertie est un postulat dont la généralisation dépasse l'expérience, mais dont le contenu en émane ; 4° la proportionnalité des forces aux masses et aux vitesses est encore un principe synthétique dont l'observation, tout aussi bien que la déduction, réussirait à fournir la preuve ; 5° enfin, la mesure de la force par le poids, l'équation du travail au produit du poids par la hauteur, rien de tout cela n'est l'œuvre de l'entendement pur. Donc nous avions le droit, en interrogeant la mécanique, d'espérer qu'elle ne se comporterait plus comme la géométrie ou comme la science des nombres. Néanmoins, notre espoir a été déçu.

Pourquoi ?

Parce que si la mécanique ne peut rien sans le concours de l'expérience, ce qu'elle lui emprunte est encore trop peu de chose pour qu'il nous soit

possible de risquer la moindre conjecture touchant
la constitution de la matière.

D'abord la matière dont il est question en cinématique et en dynamique, n'est ni étendue ni
résistante; elle n'est pas étendue puisqu'elle se
trouve réduite au point matériel; elle n'est pas
résistante puisque la résistance qu'elle manifeste
est attribuée, non pas à la matière, mais aux forces
qui lui sont attelées. Cette matière est une abstraction pure.

Les points mobiles ne sont autre chose que des
points géométriques; la mécanique postule l'existence de ces points, et de leur agrégat compose les
corps. Cela fait, elle attribue à ces corps imagi-
naires l'inertie, propriété dont la notion lui vient
de la considération des êtres inorganiques. Peu lui
importe, d'ailleurs, de savoir jusqu'à quel point
ces derniers sont inertes; ce qu'elle demande à
l'expérience, c'est de lui suggérer un concept dont
elle puisse déduire un certain nombre de vérités
abstraites, rien de plus. De même, c'est à l'expérience psychologique qu'elle emprunte la notion
de force, mais elle ne veut nullement savoir ni ce
qu'est la force ni quelles relations elle soutient
avec le corps ou avec l'âme.

En somme, le monde de la mécanique est un
monde factice, construit d'éléments hétérogènes
pris à diverses sources, mais dont l'ensemble n'en

possède pas moins une unité propre et un caractère général, dont il serait difficile de méconnaître le haut degré d'abstraction; l'expérience y joue un rôle, mais elle intervient seulement comme source de concepts et non point comme source d'inductions (1).

La mécanique occupe donc un rang intermédiaire entre les sciences purement mathématiques et les sciences expérimentales. La physique et la géométrie lui fournissent l'une et l'autre, et chacune à des titres divers, les matériaux de ses constructious; mais la mécanique rationnelle n'est pas une science physique. Quant à la mécanique expérimentale, elle n'est, en somme, qu'une science appliquée, tributaire de la précédente. Qu'il s'agisse de points matériels ou de corps inorgani-

---

(1) On peut s'en convaincre aisément en ce qui concerne, par exemple, le principe d'inertie. Nous l'avons dit et nous le répétons : le principe d'inertie est une hypothèse suggérée par l'expérience et non point une généralisation de l'expérience. On ne démontre point que les corps sont inertes comme on démontre qu'ils sont pesants : la pesanteur est un fait ; l'inertie est une propriété dont l'existence est supposée par certains faits. Aussi, n'est-il pas évident que le principe de l'inertie soit le seul qui puisse se trouver d'accord avec l'observation ; quand bien même, d'ailleurs, il en serait ainsi, ce n'est point à la mécanique rationnelle qu'il appartiendrait d'en fournir la preuve. Voilà pourquoi il nous a semblé téméraire d'essayer dès maintenant à développer les conséquences métaphysiques du principe d'inertie.

ques, les principes demeurent et les phénomènes
sont tenus de les respecter (2).

____

(2) Ouvrez un traité de mécanique expérimentale, celui de M. Delaunay, par exemple, vous y trouverez un certain nombre de lois démontrées par l'expérience, celles de la chute des corps, celles de l'hydrostatique. Mais la théorie de la pesanteur et l'hydrostatique sont encore, à l'heure actuelle, des parties de la physique. Quant aux principes théoriques de la mécanique, ils ne reçoivent dans ce traité aucune démonstration nouvelle; on n'en cherche nullement la preuve expérimentale, on se préoccupe seulement de *leurs applications*, ce qui n'est pas précisément la même chose. Il n'y a point, à proprement parler, de *mécanique expérimentale*, il y a une *mécanique rationnelle* et une *mécanique appliquée*.

CHAPITRE IV

PASSAGE DES SCIENCES RATIONNELLES AUX SCIENCES EXPÉRIMENTALES : DES QUALITÉS DE LA MATIÈRE.

I. Théorie des qualités de la matière selon la science; attributs statiques et dynamiques. — II. De cette théorie, selon Thomas Reid et Hamilton : Critique et réfutation. — III. Théorie de Descartes : Ce qu'il y a de durable dans cette théorie : Essai d'une classification des propriétés de la matière fondée sur l'opposition des propriétés physiques et des propriétés mathématiques. Ces dernières n'expriment point l'essence des corps, et ce sont les qualités second.s qui méritent, à certains égards, le nom de qualités premières.

CHAPITRE IV

PASSAGE DES SCIENCES RATIONNELLES AUX SCIENCES EXPÉRIMENTALES : DES QUALITÉS DE LA MATIÈRE.

Les sciences rationnelles ont pour objet les qualités premières des corps : l'Etendue, la Figure, le Mouvement; ces qualités, nous dit-on, expriment l'essence de la matière. Néanmoins, la géométrie et la mécanique auxquelles on s'est adressé tout d'abord, n'ont pas donné de résultat. Restent, il est vrai, les qualités dites secondes, objet des sciences expérimentales ; mais, au dire de Descartes et des Écossais, ces qualités ne sont point dans les corps, ou plutôt elles n'y sont point telles que nous les percevons; de plus, elles expriment non point l'essence, mais les accidents de la matière. Dès lors, quel profit espérer de recherches nouvelles et des réponses de la physique? Aucun, sans doute. Il ne reste donc, en ce moment, que deux partis à prendre : ou livrer la philosophie première aux aventures de la spéculation (mais que peuvent valoir des constructions systématiques

7

élevées par la raison seule?) ou renoncer à la philosophie première; alors, point de synthèse générale, et par conséquent, point de métaphysique.

Toutefois, avant de prendre ce dernier parti, il ne serait peut-être pas hors de propos d'examiner sur quels fondements repose la distinction dans la matière de deux ordres de qualités, les unes *essentielles* et *premières*, les autres accidentelles et secondes. Cette distinction remonte à Descartes, à qui, sans doute, elle fut empruntée par Locke et passa de la philosophie de Locke dans l'école écossaise.

I. — Mais avant d'interroger Descartes, Thomas Reid, ou W. Hamilton, pourquoi ne pas interroger la science ? Il est impossible qu'elle n'ait rien à nous apprendre.

La division ⎸la plus généralement adoptée est celle qui partage les modes de la matière en deux grands groupes. Le premier groupe comprend : 1° l'étendue; 2° la divisibilité; 3° l'*atomité* (1); 4° la mobilité; 5° l'inertie. Dans le second groupe figurent : 1° la pesanteur; 2° la chaleur ou plutôt

---

(1) Le mot est de Charles de Rémusat : nous le préférons de beaucoup au terme *atomicité* qui reçoit dans la langue scientifique une acception spéciale ; on peut se déclarer l'adversaire des partisans de l'*atomicité*, sans rejeter pour cela l'hypothèse des atômes.

la caloricité; 3° la sonorité; 4° l'électricité; 5° le magnétisme; 6° la lumière; 7° l'affinité.

Ainsi, d'un côté les propriétés physiques et chimiques, de l'autre les propriétés géométriques et mécaniques. La division paraît irréprochable; n'est-elle point fondée, d'ailleurs, sur la distinction des sciences physiques et mathématiques?

D'autre part, l'étendue, la divisibilité, l'inertie, etc., sont des attributs *statiques*. En revanche, il serait impossible de méconnaître le caractère *dynamique* des propriétés de la seconde classe. Dans les sciences mécaniques, physiques et chimiques, la force intervient, sinon toujours à titre de quantité mesurable, du moins à titre de conception nécessaire.

D'après ce que nous savons de la force, ou du moins d'après la manière dont la mécanique se représente son mode d'action, la force est considérée comme extérieure à la matière. De là, par conséquent, une double catégorie de recherches : la première comprend les recherches relatives à la matière considérée en elle-même; la seconde a pour objet la matière, en tant qu'elle est soumise à l'influence des forces et qu'elle change d'aspect sous leur action.

Mais cela revient, en somme, à légitimer la théorie des Cartésiens et de l'école écossaise; car si les forces sont extérieures à la matière, il est bien évident que la matière peut être conçue, abstraction faite de toute application de force, et qu'en elle-même elle est pure de tout élément dynamique. De là à considérer les attributs statiques comme exprimant l'essence de la matière, il n'y a qu'un pas. Nous voilà donc ramenés au seuil de la métaphysique.

II. — Chacun sait, nous dit Thomas Reid (1), que l'étendue, la divisibilité, « la figure, la mobi-
» lité, la dureté, la mollesse et la fluidité, sont ce
» que Locke appelle qualités primaires des corps,
» et qu'il donne le nom de qualités secondaires
» aux sons, aux couleurs, aux odeurs, aux saveurs,
» au chaud et au froid.

» Cette distinction me semble avoir un fonde-
» ment réel, et ce fondement, le voici : Nos sens
» nous donnent une notion *directe* et *distincte*
» des qualités primaires et nous apprennent en
» quoi elles consistent, au lieu que la notion
» qu'ils nous donnent des qualités secondaires, est
» *obscure* et *purement relative;* ils nous appren-
» nent que ces qualités nous affectent d'une cer-
» taine manière, ou, en d'autres termes, produi-
» sent en nous certaines sensations; mais que
» sont-elles en elles-mêmes ? Nos sens ne nous le

____

(1) *OEuvres complètes*. Traduct. Jouffroy, t. iii, essai ii, ch. xvii.

» disent pas, ils nous laissent, là-dessus, dans les
» ténèbres. »

Ainsi, les qualités primaires nous apportent
d'elles-mêmes une connaissance directe ; nous les
percevons telles qu'elles sont : au contraire, nous
n'avons point, à proprement parler, *la perception*
des qualités secondaires, nous les *sentons*, voilà
tout.

On sait avec quelle insistance Thomas Reid
s'attaque aux partisans des idées représentatives ;
il ne veut point d'espèces sensibles, expresses ou
impresses, s'intercalant entre l'esprit et le corps
extérieur et lui dérobant la connaissance exacte de
ses propriétés ; la question est de savoir si, après
la destruction de ces idoles, la théorie de la perception directe et distincte des qualités premières
demeure à l'abri de toute critique.

D'abord, s'il est vrai qu'entre nous et les objets
de nos perceptions ne s'interpose aucun élément
d'ordre plus ou moins matériel et sensible, s'il est
vrai que les corps n'émettent point d'images, au
sens, du moins, où Démocrite, Epicure et Lucrèce
l'ont soutenu, il est faux de prétendre que nous
percevions directement certaines propriétés de la
matière.

Entre le sujet et l'objet, la sensation est un
intermédiaire dont il faut toujours tenir compte ;
or, la connaissance des qualités premières, pas

plus que celle des autres, n'est possible que dans et par la sensation. De plus, la sensation est un phénomène mental qui requiert, pour se produire, la présence d'un corps organique et d'un système nerveux. Mais il est impossible d'admettre que les lois de notre « sensibilité » n'exercent aucune influence sur nos perceptions; donc, qu'il s'agisse de l'étendue ou de la chaleur, de la dureté, de la fluidité ou de la couleur, nous sommes visiblement hors d'état d'espérer connaître ces qualités « telles qu'elles sont en elles-mêmes. » Les prétendues perceptions directes de Thomas Reid sont, elles aussi, à leur tour, des idoles de théâtre.

William Hamilton est resté fidèle à la théorie des qualités primaires; comme Reid, il est d'avis que leur connaissance est directe, absolue; à l'égard des qualités secondaires, nous en savons bien quelque chose, nous croyons qu'il est dans les corps extérieurs des causes capables de susciter en nous ces connaissances; mais nous ne croyons en aucune sorte que ces causes ressemblent à leurs effets; elles existent, voilà ce dont nous sommes certains, mais là se borne tout notre savoir.

Non-seulement la connaissance des qualités primaires est directe et immédiate, mais encore elle peut être déduite *a priori* de la notion de

matière. « La notion (1) de corps étant donnée,
» toute qualité primaire doit s'en déduire, comme
» impliquée dans cette notion, indépendamment
» de toute expérience. Les qualités primaires
» peuvent être déduites *a priori*, la notion pure
» de matière étant donnée, puisque, en fait, elles
» ne sont que le dégagement des conditions im-
» pliquées nécessairement dans la notion. »

Hamilton va plus loin que Thomas Reid, mais
les raisons à l'aide desquelles il défend sa doctrine,
paraissent insoutenables.

On peut déduire *a priori* les propriétés de la
circonférence, étant donnée sa définition ; mais les
définitions géométriques sont également données
a priori. Il en est tout autrement des objets de
nos perceptions ; la notion de matière est de ce
nombre ; elle suppose la perception, et, comme
nous le disions tout à l'heure, la sensation de matière ; donc la notion de matière repose sur l'intuition externe *a posteriori*.

Comment, d'une intuition *a posteriori*, peut-on
« déduire » certaines autres, par exemple les
intuitions d'étendue et de résistance ? Ou W. Hamilton a côtoyé l'absurde, ou il a pris ce terme
« déduire » dans un sens qui n'appartient qu'à lui.

------

(1) *Cf.* Hamilton, cité par Stuart Mill dans sa *Philosophie de Hamilton*,
page 18.

En effet, toute déduction exige un effort de l'entendement discursif; de ce que l'on conçoit directement les prémisses, il n'en résulte pas qu'on en conçoive directement les conséquences; la connaissance claire des prémisses est indépendante de celle des vérités qui s'en peuvent déduire. Ainsi, on peut avoir l'idée nette du polygone sans concevoir l'existence d'un rapport possible entre la somme de ses angles et un certain nombre d'angles droits.

A l'égard de la matière, rien de pareil. Qu'en sait-on, tant qu'on ne sait point qu'elle est étendue, résistante, impénétrable, sonore, sapide, lumineuse, et quelle est cette donnée dont Hamilton se fait fort de déduire les deux premières propriétés ? Quel en est le contenu antérieurement à cette prétendue opération qui consisterait à en dégager les qualités primaires ? Qu'est-ce enfin que la « notion pure » de matière ?

Mais nous interprétons peut-être mal la pensée de Hamilton; peut-être n'a-t-il voulu dire qu'une chose : c'est que la notion de matière est inséparable des notions d'étendue, de résistance, tandis qu'entre les notions de couleur et de saveur, etc., l'association n'est pas, à beaucoup près, aussi intime. De là cette double conclusion : la matière est *essentiellement* étendue et résistante; elle nous *apparaît* sonore, sapide, colorée, etc.

Ainsi transformée, la doctrine est moins étrange, mais elle n'est guère moins superficielle ; où avons-nous jamais perçu un corps étendu, résistant, privé de ses qualités secondaires? Le papier sur lequel j'écris possède l'étendue, l'impénétrabilité, la résistance ; mais il possède aussi la couleur. Donc, aucune raison ne plaide en faveur de l'association prétendue inséparable du concept de matière et des concepts d'étendue, etc., et d'une association accidentelle entre le même concept et les notions des qualités secondaires. La question portée devant le sens commun recevra, sans aucun doute, une solution de ce genre ; le vulgaire croit aux corps lumineux comme il croit aux corps étendus.

Donc, si l'on essaie d'interpréter Hamilton à travers les psychologues venus après lui, l'échec est inévitable ; en fait, nous percevons les qualités premières et les qualités secondes, les unes aussi bien que les autres, et toutes par l'intermédiaire de nos sens. Donc, encore une fois, la notion de matière est tout aussi bien le « substitut » des unes que des autres.

Au surplus, cette prétendue association inséparable du concept de matière et du concept d'étendue commence à ne plus se montrer rebelle à toute velléité de divorce. Depuis Leibniz, on a plaidé l'existence d'une matière composée d'éléments simples et sans dimensions ; les positivistes et les psychologues de leur école, ont essayé une explication de la perception d'étendue qui n'implique nullement sa réalité. Donc, il se pourrait que la matière ne fût pas essentiellement étendue, et du jour où la preuve en serait donnée, le divorce serait inévitable. Au reste, de l'aveu même de ces psychologues, les associations inséparables ont pour fondement l'habitude; mais une habitude d'esprit, si elle se conserve tant que les circonstances le lui permettent, peut très-bien disparaître peu à peu le jour où ces mêmes circonstances cessent de se produire. Le contraire d'une association dite inséparable est toujours logiquement possible.

III. — La théorie des qualités de la matière, telle qu'elle est sortie des enseignements de l'école écossaise, ne semble donc pas mériter le crédit dont elle a bénéficié pendant si longtemps, dont elle bénéficiait encore, il y a quelques années. L'étendue et l'impénétrabilité ne sont pas plus des « choses en soi » que la couleur, la saveur, ou toute soi-disant propriété seconde. D'autre part, il est contestable que cet inconnu, qu'on appelle matière et que l'esprit conçoit, comme le support de ses perceptions, se révèle à notre conscience par certains phénomènes, qui, en tant que phénomènes, méritent d'être tous traités sur le même pied; plus de qualités premières, plus de qualités

secondes, mais seulement un groupe de phénomènes, étendue, mouvement, couleur, sonorité,
servant à manifester l'existence d'un sujet extérieur
à nous, quoique absolument inconnu dans son
essence ; telle serait la conclusion vers laquelle
nous nous sentons incliner (1).

Toutefois, avant d'accepter pour notre propre
compte une manière de voir que n'interdiraient ni
le témoignage de l'observation psychologique, ni
le verdict du sens commun, nous agirions peut-
être avec prudence, en interrogeant, non plus
l'école écossaise, mais l'école cartésienne, et surtout Descartes. Sous ces termes : « qualités premières », « qualités secondes », bien des sens se
cachent et rien ne prouve que nous ayons fini d'en
examiner les principaux.

Rappelons-nous les principes de la méthode
cartésienne, à savoir que tout ce que l'on reconnaît
clairement et distinctement appartenir à une chose
lui appartient en effet. Cela étant admis, il en résulte que tous les attributs d'un objet, susceptibles
d'apporter à l'esprit des connaissances claires et
distinctes, exprimeront l'essence de cet objet.

N'oublions pas, non plus, que le type de la
connaissance claire et distincte, selon Descartes,

____

(1) *Cf.* Renouvier. *Critique générale.* — Deuxième Essai, parag. xvi,
t. ii, p. 261.

est la connaissance mathématique. Maintenant, rien n'est plus facile que de comprendre pourquoi Descartes a divisé en deux groupes les propriétés de la matière, et pourquoi, dans le premier groupe, sont compris l'étendue, la figure, la divisibilité, le mouvement.

Ces quatre manières d'être sont l'objet de la géométrie et de la mécanique; or, la géométrie et la mécanique font partie de la classe des sciences rationnelles et mathématiques; par conséquent, les qualités dont l'étude constitue l'objet de ces deux sciences, expriment l'essence de la matière.

La déduction est rigoureuse; le principe seul est incontestable. En effet, il est d'expérience psychologique que les notions ont une clarté et une distinction d'autant plus grande, qu'elles sont plus abstraites; mais alors, raisonner comme le fait Descartes, c'est placer l'essence du concret dans l'abstrait.

On l'a déjà vu, l'étendue géométrique n'a pour ainsi parler rien de commun avec l'étendue tactile et visuelle. Le mouvement du point matériel, le seul que considère la mécanique, n'est pas non plus exactement la même chose que le mouvement observé dans la nature inorganique. Donc, malgré Descartes, il est permis de croire que ce qu'il appelle « qualités premières » n'expriment nullement l'essence des corps.

Cette réserve faite, la théorie cartésienne n'en subsiste pas moins dans quelques-unes de ses parties. Il en reste, si je ne me trompe, une classification des propriétés de la matière fondée sur l'opposition des méthodes scientifiques. Les unes sont l'objet du raisonnement et de la mathématique, les autres se réduisent à de simples états du sujet conscient.

Descartes, d'ailleurs, n'admettait rien dans le monde qui ne fût réductible au mouvement et à l'étendue; par conséquent, il n'admettait point la réalité des qualités secondes.

Mais nous avons démontré tout à l'heure que l'objet de la géométrie et de la mécanique est essentiellement abstrait; donc, en dernière analyse, ce qu'il y a de réel dans la matière se réduirait à des éléments intelligibles, lesquels, pour exister, n'exigeraient rien de plus que l'existence même de notre pensée.

Le seul moyen d'échapper à cet idéalisme consisterait à rendre aux qualités secondes l'existence que leur refusait Descartes, et à considérer les qualités premières comme exprimant de pures relations de *quantité*; on ne verrait alors en elles que les conditions abstraites de la possibilité de la matière, que son squelette, pour ainsi dire.

Mais le squelette ne rend pas compte de la vie,

et ce n'est pas de la quantité qu'on fait jaillir la qualité. Tout au contraire; il faut donc bien admettre que les lois mathématiques, dont la géométrie et la mécanique nous donnent la connaissance, résident non-seulement dans l'intelligence divine et dans la nôtre, mais encore dans des objets de perception actuellement perçus, actuellement existants. A défaut d'autre preuve, il nous serait toujours possible d'invoquer les résultats de nos précédentes recherches. Ni la géométrie ni la mécanique ne sont possibles sans un minimum d'intervention de l'expérience.

Ne disons donc plus, qualités premières et qualités secondes, mais bien qualités abstraites et mathématiques, *qualités-quantités*; qualités concrètes et physiques.

Au nombre des premières figureraient l'étendue, la figure (divisibilité), le mouvement. Dans les secondes seraient compris : l'étendue visuelle et l'étendue tactile, le mouvement en tant qu'il devient accessible aux sens, puis les autres propriétés dont l'énumération n'est plus à faire. Il en résulterait, cela est visible, que les qualités premières ne seraient autres que les qualités secondaires, considérées dans leurs rapports abstraits, et que, parmi les propriétés des corps, certaines d'entre elles pourraient être traitées, tantôt comme primaires, tantôt comme secondaires, selon la différence du point de vue sous lequel on les considérerait.

Mais si l'essence d'un être ne veut point être cherchée dans l'ordre des rapports abstraits qui le régissent, elle doit être cherchée, sinon dans les qualités sensibles qu'il manifeste, du moins par l'intermédiaire de ces qualités.

Cela dit, ne nous semble-t-il pas que les propriétés physiques mériteraient le nom de qualités premières, et que c'est de leur examen que nous aurions à attendre les arguments décisifs, favorables ou contraires à la philosophie dynamique?

CHAPITRE V

LA PHYSIQUE MODERNE. — 1re PARTIE : LES PRINCIPES. — INDESTRUCTIBILITÉ DE LA MATIÈRE. — CONSERVATION DE LA FORCE. — NOTIONS SUR L'ÉTHER.

I. Aperçu historique sur la physique ancienne : les *fluides*. Antécédents de la découverte de l'équivalent mécanique de la chaleur. — II. Du principe de l'indestructibilité de la matière : les preuves expérimentales; insuffisance de ces preuves. Essai de démonstration métaphysique : Kant et M. Spencer. Impossibilité d'une démonstration rigoureuse : ce principe n'est qu'un postulat. — III. Du principe de la conservation de la force. Démonstration de M. Spencer : critique et réfutation. Détermination exacte de la formule du principe. Retour sur la notion de travail. Descartes et Leibniz : du principe de la conservation du mouvement et du principe de la conservation des forces vives. Essai de démonstration expérimentale de ce principe : M. Balfour Stewart. Essai de démonstration rationnelle : M. Helmholtz. Insuffisance de cette double démonstration : ce principe n'est encore qu'un postulat. — IV. De l'éther : aperçu historique sur l'origine de cette hypothèse : Descartes, Malebranche, Huyghens. Caractères du fluide impondérable.

CHAPITRE V

LA PHYSIQUE MODERNE. — 1ʳᵉ PARTIE : LES PRINCIPES. — INDESTRUCTIBILITÉ DE LA MATIÈRE. — CONSERVATION DE LA FORCE. — NOTIONS SUR L'ÉTHER.

I. — Au commencement de ce siècle, la physique était encore sous le joug des idoles de théâtre ; elle observait avec soin, mais elle ne savait pas conclure. Les habitudes scholastiques, chassées de la philosophie, avaient trouvé un refuge auprès des physiciens, presque tous réalistes, d'ailleurs. Le mot n'est pas exagéré ; la doctrine réaliste pose des entités, distinctes, et des phénomènes, et de l'esprit qui les conçoit ; elle range les objets en tenant compte des analogies et des dissemblances ; puis, une fois classés, leur accole une étiquette ; puis, au lieu de ne voir dans cette étiquette qu'une simple étiquette, qu'un simple mot, ou, pour mieux dire, un terme général, elle fait de ce terme général non plus le substitut d'un groupe de phénomènes et de qualités, mais le signe d'un être réel, doué d'une existence propre, substance et cause des qualités derrière lesquelles il semble se dérober. Voilà le réalisme métaphysique.

Le réalisme physique ne paraîtra guère moins compliqué ; l'observation aidée de l'expérience permet de distinguer entre divers ordres de phénomènes. La matière est tantôt chaude, tantôt froide ; elle est sonore, elle est colorée ; ces états divers, profondément distincts les uns des autres, ne peuvent se contenter d'une cause unique. Voici, par exemple, un morceau de fer reposant sur un fourneau : je le touche, il me brûle ; la température du fer a changé. Pourquoi ? Parce qu'il y est entré une certaine quantité de *calorique*. Quelques années à peine nous séparent du temps où l'on parlait ainsi ; on croyait alors au *calorique*, c'est-à-dire à une sorte de fluide presque immatériel, extrêmement subtil et dont la présence au sein des corps déterminait un accroissement de température, de volume, etc.

Le calorique, voilà une première entité. En voici une seconde et qui va bientôt se dédoubler : si l'on prend une étoffe de laine pour en frotter un bâton de verre, on développe ou plutôt on éveille une nouvelle propriété ; des barbes de plume s'envolent vers le bâton frotté, comme pour se fixer à sa surface, puis, aussitôt se dispersent dans toutes les directions. En deux instants très-courts, deux forces contraires se sont manifestées, l'une d'attraction, l'autre de répulsion. Il n'en faut point davantage pour se croire en présence d'un fluide double et dont la réunion constituera une force nouvelle : l'électricité.

Ce monde d'entités physiques n'est cependant pas aussi étendu qu'on pourrait le croire; en tête des phénomènes de chaleur, d'électricité, de magnétisme, figurent trois fluides distincts; les phénomènes d'accoustique échappent à cette nécessité. En effet, là où l'oreille entend un son, l'œil perçoit un mouvement, d'où l'on peut aisément conclure que le son n'est point l'œuvre d'un agent spécial; le son est un mouvement ou plutôt l'effet d'un mouvement. Pourquoi donc imaginerait-on un agent sonore? Pourquoi multiplierait-on les êtres sans nécessité? Pourquoi irait-on doter la physique d'un nouveau fluide, et qui, si par hasard la nature en avait fait la dépense, ne serait ni plus ni moins qu'un fluide fainéant?

On le voit, l'esprit d'économie n'est pas étranger à la physique ancienne. Le réalisme est maître de la place, mais il n'y règne pas toujours en souverain incontesté; parfois même on voudrait le bannir. Dans les dernières années du xviiie siècle, l'Académie des Sciences est saisie d'une idée nouvelle : « La chaleur n'aurait-elle pas sa cause dans le mouvement? » Lavoisier et Laplace ont examiné le

problème, mais sans lui donner une solution définitive (1). Sans doute, dans certaines conditions, le
mouvement produit la chaleur; mais on ne peut
rien induire de cas isolés. Donc, point de raison
pour combattre la théorie régnante, c'est-à-dire
pour ne plus croire à la matérialité du calorique.
Carnot et Gay-Lussac pensent de même, et cependant, dès 1706, Newton avait écrit (2) : « *Annon.....*
» *agit lumen in corpora ad ea calefacienda*
» *scilicet, motumque vibrantem in quo calor*
» *consistit in partibus excitandum ?* »

Le même Newton, qui soupçonnait la véritable
origine de la chaleur, ne soupçonnait point l'origine de la lumière, et pourtant la théorie ondulatoire était déjà née. Il est étrange, comme au xviii°
siècle les doctrines et les explications se heurtent
les unes contre les autres, apportant, de part et
d'autre, un assez grand nombre d'arguments spé-
cieux. Les faits ont leur valeur, mais ils ne valent
que sagement interprétés, et c'est précisément par
là que l'on pèche. Cependant, à la fin du xviii° siècle,
le comte Rumford, préposé à la direction du forage
des canons dans les ateliers de l'arsenal de Munich,
portait les premiers coups aux théories alors en

------

(1) *Cf.* Saigey. *La Physique moderne*, p. 83-84. — Paris, O. Baillière.
— 1867.

(2) *Questions d'optique*, t. v, p. 294 de l'édition de Londres. — 1706.

faveur; il remarquait que de la chaleur se dégageait
en quantité considérable pendant l'opération, que
cette chaleur dépassait de beaucoup celle de l'eau
bouillante; puis, expérience faite, il démontrait
que la chaleur produite par le forage ne pouvait
être fournie aux dépens de la chaleur latente des
copeaux métalliques détachés dans l'opération (1).
Ceci se passait vers 1798. La lutte commençait entre
la physique ancienne et la physique moderne.

En 1824 elle entrait dans une phase nouvelle,
lorsque Sadi Carnot (2) et Clapeyron, mettant en
relief la puissance motrice de la chaleur, démon-
traient que la quantité de travail utilisé avec la
chaleur ne dépend pas de la substance qui lui sert
de véhicule. On ne sait pas encore si « le *calorique* »
est ou n'est pas; mais on commence à pouvoir s'en
passer dans l'explication d'un assez grand nombre
de phénomènes. A ce moment, les deux systèmes
luttent à armes égales; cependant, il n'est déjà plus
impossible de prévoir lequel des deux sera le
vainqueur. Mais, en 1842 et 1844, la victoire sera
définitive, grâce au médecin de Heilbronn, R. Mayer,
qui, le premier, enrichira la langue des sciences

___

(1) *Cf.* Tyndall. *La Chaleur, mode de mouvement*, 2ᵉ édition française,
p. 53. — Paris, Gauthiers-Villars. — 1874.

(2) *Cf.* Le R. P. Secchi, *L'unité des forces physiques*. Paris, Savy, 1874,
2ᵉ édition.

d'une expression nouvelle, *équivalent mécanique de la chaleur*, et au savant anglais Joule, auquel sera réservé l'honneur de fixer cet équivalent. Nous voici maintenant en présence de ce qu'il est justement permis de nommer la « physique moderne »; une ère nouvelle commence et l'unité des phénomènes naturels se laisse aisément pressentir. Qu'est-ce que la physique moderne ? Quelles sont ses doctrines, quels faits lui servent de base, quels principes, quels axiomes, quels postulats invoque-t-elle pour justifier ses théories ? Il importe de s'en rendre compte et d'examiner avec le plus grand soin.

II. — Cette étude comprendra trois parties : les principes, les faits, les conséquences, et par conséquent, la doctrine. Commençons par l'examen des principes.

Tout d'abord il nous faut accepter, à titre d'axiome, l'antique formule de Démocrite et des Épicuriens ses disciples : *Ex nihilo nihil.* « Rien ne vient de rien. » « Rien ne se perd, rien ne se crée. » La concession qu'on exige de nous n'est-elle pas exorbitante ? Trancher du premier coup, sans examen préalable, la question d'origine, et surtout la trancher au profit d'une doctrine à tout le moins invraisemblable, en a-t-on le droit ? On insiste cependant, et pour mieux avoir raison de nos scrupules, on écarte la question de savoir comment et par quoi le monde est possible; on élimine, à proprement parler, le problème de l'origine du monde; on nous prie de rester sur le terrain des phénomènes, et, une fois la question envisagée sous le nouvel aspect, on veut que nous affirmions, d'accord avec la science, qu'en fait, la même quantité de matière persiste dans l'univers, et qu'en dernière analyse la matière est indestructible.

Comment cette affirmation est-elle possible? Sommes-nous en présence d'un axiome ou d'un postulat? Au premier aspect on essaierait vainement d'y voir autre chose qu'une loi fondée sur un certain nombre d'expériences réelles, et sur un nombre indéfiniment grand d'expériences supposées. Or, une loi qui s'appuie sur des faits hypothétiques, quelle que soit sa probabilité, une loi qui ne peut se vérifier exactement en dehors des laboratoires, cette loi, dis-je, si l'on prétend l'imposer à la totalité des phénomènes de l'univers, descendra du rang de loi et viendra enrichir le nombre des hypothèses.

« La comète qu'on voit tout à coup apparaître
» dans les cieux et grandir en une nuit, n'est pas
» un corps de création nouvelle, mais un corps
» qui, jusqu'ici, se trouvait hors de la portée de la
» vue. La nuit qui, en quelques minutes se forme
» dans le ciel, ne se compose pas d'une substance

» qui commence d'être, mais d'une substance qui » existait auparavant sous une forme diffuse et » transparente (1). » Je prends un corps quelconque, je le pèse. Une fois pesé, je le soumets à l'action de la chaleur ou de la lumière. Tout à l'heure je n'avais devant moi qu'un corps matériel; en voici deux maintenant; l'observation attentive de l'un et de l'autre établit qu'aucune des propriétés essentielles du premier corps ne s'est conservée; ce corps a complètement disparu. Mais alors n'est-on pas en droit de prétendre qu'il y a eu anéantissement d'une réalité matérielle, création de deux autres réalités? — Pas du tout. J'ai pesé le corps avant de lui faire subir tout changement; je pèse maintenant les deux nouvelles substances obtenues et je constate que la somme de leurs poids est précisément égale au nombre qui mesurait le poids du premier corps. Voilà un exemple de l'indestructibilité de la matière; cet exemple, que prouve-t-il? Que si l'on opère sur de petites quantités de matières, et qu'on les pèse avant l'expérience, le poids après l'expérience restera le même qu'avant; rien de plus. De là à affirmer qu'il en est ainsi dans tout l'univers, il y a loin : c'est pourtant ce que la science proclame, et jamais elle ne se demande en vertu de quel droit elle peut hasarder cette hypothèse.

---

(1) Herbert Spencer. Les *Premiers Principes*, trad. Cazelles, § 52.

Reconnaissons, il est vrai, qu'une hypothèse mérite confiance dès l'instant que rien ne vient la démentir, et que par elle s'enrichit le détail des découvertes; qu'il en soit ainsi de l'hypothèse en question, il est aisé de s'en convaincre. Néanmoins, il y a toujours lieu de se demander si telle ou telle autre conjecture ne la remplacerait pas avec avantage, et cela sans être, plus qu'elle, en désaccord avec l'expérience, sans être, moins qu'elle, féconde en résultats. Ainsi s'expliquent les embarras du philosophe en face de la science; il sait, on le lui a dit, que la science n'affirme rien qui ne soit fondé en raison ou en expérience; il sait qu'elle prétend tenir en médiocre estime tout ce qui n'est pas indubitable, et il s'étonne de voir nos physiciens modernes partir d'une hypothèse, et fonder, sur cette base mouvante, un édifice dont le grandiose dissimule assez mal la fragilité.

De l'aveu même de la science, affirmer que la matière est indestructible, c'est énoncer un postulat; voilà qui est dit. Peut-être ferait-on bien, dès maintenant, de passer outre et d'aller aux conséquences.

Toutefois, si l'on y regarde de près, il ne semble pas impossible d'ériger le postulat en axiome. Pourquoi ne pas tenter l'entreprise avant d'aller plus loin? Il est intéressant de voir dans quelle mesure la raison spéculative peut venir en aide à la science expérimentale.

Kant, dans sa *Critique de la raison pure* (1), remarque que la connaissance des phénomènes est successive et changeante, que, par conséquent, étant donnée une appréhension de phénomènes, on serait hors d'état de savoir les déterminer en tant que simultanés ou que successifs, si l'expérience n'avait pour fondement « quelque chose qui » demeure *toujours*, quelque chose de *durable* » et de *permanent*, dont tout changement et » toute simultanéité ne soient qu'autant de ma- » nières d'être. » Tel est le principe de substance énoncé par la philosophie rationaliste et rangé au nombre des vérités *a priori* de l'entendement. Kant, et en général les adversaires de l'empirisme, affirment que dans le monde extérieur tout n'est pas phénomène; le phénomène change, il passe, il fuit. Mais quelque chose demeure, quelque chose dure, persiste : c'est la *substance*, et la substance des phénomènes est permanente. Voilà ce que la métaphysique enseigne, non pas au nom de l'expérience, mais au nom d'une nécessité inflexible de l'entendement.

Les philosophes affirment, *a priori*, qu'il est dans l'univers un élément de permanence; les

(1) *Critique de la raison pure*, trad. Barni, t. i, p. 243.

savants inclinent à le croire sur la foi d'un certain nombre d'expériences. D'où vient cette inclination? N'a-t-elle pas précisément sa raison d'être dans l'affirmation implicite du principe de substance? Mais comme ce principe est *a priori*, qu'il est un axiome, rien n'empêche de voir dans le principe de l'indestructibilité de la matière l'expression scientifique du principe de substance.

L'interprétation de Kant est-elle de nature à satisfaire tout philosophe rationaliste? Croire au principe de substance, est-ce toujours et nécessairement poser la permanence quantitative de la matière?

Quand je dis que tout phénomène a une substance, j'opère une synthèse *a priori* entre le phénomène qui frappe mes sens et un je ne sais quoi, imperceptible, mais non point inconcevable, auquel je rapporte comme à sa source et à sa cause le phénomène en question. De même que les pensées, les sentiments, les décisions ont une substance qui est l'âme ou le moi, de même les phénomènes extérieurs ont aussi la leur. Je ne dis pas que cette manière d'entendre le principe de substance soit préférable à toute autre, je me borne à constater qu'elle a ses partisans.

Donc, autre chose est le principe de substance, autre chose est le principe de l'indestructibilité de

la matière; la synthèse essayée entre ces deux
principes ne s'impose nullement à l'esprit, et le
prétendu « principe » de la permanence de la
matière cosmique ne nous paraît être encore
qu'un postulat.

M. Spencer l'érige en vérité nécessaire, non
point en une vérité universelle admise partout et
par tous, mais en un principe « qu'on en est venu
à admettre » (1) depuis que les expériences habi-
tuelles ont cessé de lutter « contre l'opposition
» d'autres expériences qui semblaient autrefois les
» contredire. » A l'heure actuelle, les savants pro-
clament l'indestructibilité de la matière, et se dé-
clarent absolument incapables de concevoir l'hypothèse contraire.

Ici l'auteur a des scrupules, il reconnaît qu'un
principe, s'il n'est après tout qu'une généralisation
de l'expérience, ne saurait être rangé dans la classe
des principes *a priori;* aussi, pour garantie de
cette croyance fondamentale, cherche-t-il une
autorité supérieure à celle d'une « induction consciente. »

« L'incompressibilité absolue de la matière,
» nous dit-il, est une loi reconnue de la pensée.
» Si l'on peut concevoir un morceau de matière

____

(1) *Premiers principes,* p. 185.

» comprimé sans limite, nous ne pouvons pourtant
» pas concevoir que son volume, à si peu de chose
» qu'on le suppose réduit, tombe à rien. Nous
» pouvons nous représenter les parties de la ma-
» tière indéfiniment rapprochées, et l'espace
» qu'elle occupe indéfiniment décroissant. Mais
» nous ne pouvons pas nous représenter la quan-
» tité de matière amoindrie; ce serait admettre
» implicitement que certaines parties constituantes
» disparaissent, que certaines parties constituantes
» sont, dans la pensée, réduites à rien par la
» compression. Il en résulte, évidemment, qu'on
» ne peut réellement concevoir que la quantité
» totale de matière dans l'univers soit diminuée,
» pas plus qu'on ne peut concevoir qu'elle soit
» augmentée. L'incapacité qui nous empéche de
» concevoir que la matière devienne non existante,
» est la conséquence directe de la nature même de
» la pensée. La pensée est une position de rela-
» tions. On ne peut poser de relation, et par
» conséquent penser, quand l'un des termes rela-
» tifs est absent de la conscience. Il est donc
» impossible de penser que rien devienne quelque
» chose, et cette raison, c'est que *rien ne peut*
» *devenir un objet de conscience. L'anéantisse-*
» *ment de la matière est inconcevable par la*
» *même raison que la création de la matière est*
» *inconcevable,* et son indestructibilité devient

» ainsi une connaissance *a priori* de l'ordre le
» plus élevé, non pas comme résultat d'une longue
» table d'expériences graduellement organisées en
» un mode de pensée irrévocable, mais comme
» donnée dans la forme de toutes les expé-
» riences (1).

Ainsi, nous sommes bien en face d'un axiome,
c'est-à-dire d'un principe *a priori*, parce que,
d'abord, *rien* ne peut devenir un objet de conscience, ensuite, parce que l'anéantissement de
la matière est tout aussi inconcevable que sa
création.

Il faut convenir, et cela, malgré l'incomparable
puissance philosophique du plus illustre des philosophes anglais contemporains, que l'argumentation
est boiteuse, attendu que le raisonnement ne cesse
de prendre son point d'appui sur des principes
peu solides.

On ne peut affirmer, sans en essayer la preuve,
que toute conception d'une matière quantitati-
vement amoindrie ou augmentée est contradictoire
et hors d'état de s'offrir à la pensée ; on ne peut
davantage soutenir, sans tâcher d'expliquer pourquoi, que la pensée du *rien* est impossible. Il y a
plus : bon nombre d'esprits se croient capables de
concevoir (plus ou moins obscurément, il est vrai),

____

(1) *Ibid.* § 53.

la création de la matière, et, partant, son anéantissement. Or, je ne sache pas que les concepts obscurs et confus doivent être traités par la philosophie comme s'ils n'étaient point ; les chasser de l'esprit, c'est dépeupler l'intelligence et lui ôter peut-être le meilleur de ses ressources (1).

Ainsi, malgré les assertions de la science, malgré les efforts de la métaphysique, malgré l'évidence apparente du « principe », il nous semble pour le moment impossible d'y voir un axiome ou une vérité nécessaire. Prenons acte du grand nombre d'expériences qui déposent en sa faveur, de l'absence totale d'observations capables d'en ébranler la certitude, de l'extrême facilité avec laquelle l'esprit y adhère, une fois qu'il en a pris connaissance ; prenons acte de tout cela, et passons outre ; mais, encore une fois, n'allons pas donner le titre d'axiome à ce qui n'est qu'un postulat. La science admet ce postulat ; elle lui confère l'autorité d'un axiome ; cela la regarde. La métaphysique ne peut aller aussi loin.

III. — L'éminent philosophe auquel nous avons emprunté les éléments principaux de notre discussion, prétend asseoir la physique moderne sur trois principes ; nous connaissons le premier et nous

____

(1) *Cf.* Leibniz. *Avant-Propos des Nouveaux Essais sur l'entendement.*

9

en avons pesé la valeur. Reste à examiner les deux autres : je veux parler du principe de la *continuité du mouvement* et du principe de la *persistance de la force.*

S'il faut en croire M. Spencer, nous serions en présence de trois formules distinctes applicables à un seul et même objet ; la matière et le mouvement ne seraient susceptibles d'être connus qu'en fonction de la force. Donc, affirmer que la matière demeure indestructible ou que la force persiste, serait tout un. « Si pour nous servir d'un exemple » emprunté aux signes algébriques nous repré- » sentons la matière, le mouvement et la force » par les symboles $x, y, z,$ nous pouvons exprimer » les valeurs de x et d'y en fonction de z ; mais » la valeur de z ne peut jamais être trouvée. z est » la quantité inconnue qui doit pour toujours » rester inconnue, par la raison évidente qu'il n'y » a rien en fonction de quoi sa valeur puisse être » exprimée (1). »

Le principe de la persistance de la force est une « vérité donnée dans notre constitution men- tale » (1); donc elle ne recevra point de démons- tration.

Soit, on ne cherchera nullement à démontrer

____

(1) *Premiers principes,* § 60.

(2) *Ibid.* § 62.

lu formule, mais devra-t-on renoncer à en éclaircir le contenu? Par exemple, affirmera-t-on la persistance de la force, sans essayer à définir la force, ou tout au moins à entrevoir ce qu'elle est ou ce qu'elle peut être ?

A cet égard, les assertions de l'auteur sont visiblement, je dirais presque volontairement enveloppées de nuages. Il n'ignore point, cependant, que le terme force peut affecter diverses significations, et, par cela même, prêter à l'équivoque; il n'ignore point que la force dont on parle en mécanique n'est pas nécessairement identique à celle ou à celles dont il est question en physique ou en chimie, qu'elle n'offre qu'une analogie lointaine, très-lointaine, avec la force dont nous avons directement conscience dans nos propres efforts. Quelle est donc cette force qui se conserve?

« La force dont nous affirmons la persistance
» est la *force absolue* dont nous avons *vaguement*
» conscience comme corrélatif nécessaire de la
» force que nous connaissons. Ainsi, par la per-
» sistance de la force, nous entendons *la persis-*
» *tance d'un pouvoir qui dépasse notre connais-*
» *sance et notre conception*. Les manifestations
» qui surviennent en nous et hors de nous ne per-
» sistent pas; mais ce qui persiste, *c'est la cause*
» *inconnue de ces manifestations*. En d'autres
» termes, affirmer la persistance de la force, ce

» n'est qu'une autre manière d'affirmer la réalité
» inconditionnée sans commencement ni fin (1). »

Le caractère éminemment panthéiste de ces
déclarations ne saurait échapper à personne; mais
nous n'avons point à y insister. Le plus grave,
c'est que nous cherchons le principe de la physique
moderne et que nous restons en présence d'une
formule métaphysique très-obscure, quant à la
matière et, quant à la forme, destituée de toute valeur apodictique.

Descendons des hauteurs de cette métaphysique et demandons à la science ce qu'il faut
entendre par le double principe de la permanence
de la même quantité de mouvement et de la conservation de la force.

La quantité de mouvement, telle que l'entendait
Descartes, n'est autre chose que le produit mv dont
il a déjà été question (1). Selon l'auteur des *Principes* et du *Monde*, dans un système mécanique
donné, la somme des produits $mv + m'v' + m''v''$,
etc., reste constante, et l'univers entier est assimilable à un système de ce genre.

Descartes fondait ce principe sur l'immutabilité
divine, et la métaphysique se trouvait être, fort mal

____

(1) Voir notre chapitre IV.

(1) *Premiers principes*, § 60.

à propos, d'ailleurs, appelée au secours de la physique.

En effet, si Dieu est immuable, rien n'empêche de croire que son immutabilité se reflète dans ses œuvres, et que, par conséquent, il ait assigné aux objets de son activité créatrice des lois régulières; la nature immuable du divin Créateur peut, à l'occasion, servir de principe à la démonstration de l'uniformité du cours de la nature. En revanche, il semble illégitime de faire appel à cette immutabilité pour justifier une loi particulière. L'essentiel est qu'il y ait des lois, peu importe quelles lois. Or, si le produit $mv + m'v' +$ etc., au lieu de demeurer constant, variait suivant une raison déterminée et dans des circonstances rigoureusement déterminables, en quoi l'immutabilité divine se trouverait-elle compromise?

Le principe de Descartes doit pouvoir invoquer en sa faveur des raisons physiques ou mathématiques, non métaphysiques.

Ces raisons, Leibniz ne devait point les trouver décisives; il lui était réservé de démontrer que ce n'est point la quantité de mouvement qui se conserve dans les corps, mais bien la quantité de *force mouvante* ou de *force vive* (1).

____

(1) On trouvera une intéressante et profonde discussion de ce *Principe de la physique moderne* dans la *Critique philosophique* de M. Renouvier. — Troisième année, t. i.

Que faut-il entendre par une *force vive?* L'expression *force vive* en appelle une autre : celle de *force morte*. Essayons de les définir l'une et l'autre.

Pour cela, il faut nous replacer sur le terrain de la mécanique.

Leibniz appelle « force vive » la force qui se consomme, et « force morte » celle qui peut agir sans s'épuiser; la pression d'un poids, par exemple, serait, d'après cette dénomination, une force morte. En effet, si l'on soustrait un poids aux influences atmosphériques, ce poids servira indéfiniment à équilibrer un autre poids. Il ne saurait en être de même de la force musculaire, et, en général, de celles que déploient les êtres vivants : d'où le nom de *force vive* (1).

Il y a donc des forces qui se dépensent et des forces qui ne se dépensent pas; dans le premier cas, il devient possible d'accumuler la force, de l'emmagasiner, de l'employer à certains effets dont on règle tout à la fois et la quantité et la qualité. En d'autres termes, on peut se servir d'une force pour produire un travail. C'est ainsi qu'une force, après avoir été considérée simplement comme une source de mouvement, peut être considérée comme une capacité de travail.

-----

(1) *Cf.* Cournot. *Traité de l'enchaînement des idées fondamentales*, § 84.

Ceci posé, toute force, ou, pour tenir le langage de certains savants, toute puissance de travail revêtira un double aspect : la chose est aisée à comprendre. En effet, tantôt on la possédera à l'état virtuel ; tantôt, au contraire, on la possèdera à l'état réel ; de là, une distinction fort juste entre la *puissance disponible* et la *puissance vive*, entre l'*énergie posentielle* et l'*énergie réelle* (1).

Admettons, maintenant, qu'un corps soit lancé de bas en haut avec une vitesse de n mètres en une seconde ; arrivé à une hauteur h, il aura atteint le terme de son ascension (2).

Doublons maintenant la vitesse et nous observerons que la hauteur sera quadruplée. Donc, la hauteur croît comme le carré de la vitesse. On voit ainsi le carré de la vitesse entrer comme facteur dans la mesure du travail d'une force.

Ce que l'on appelle force vive n'est autre chose que le produit de la masse par le carré de la vitesse mv^2 (3).

Ce produit mv^2, ou plutôt la moitié de ce produit, est précisément ce qui se conserve en quan-

----

(1) *Cf.* De Saint-Robert. *Mémoire* déjà cité.

(2) *Cf.* Balfour Stewart. *La conservation de l'énergie.* — Paris, G. Baillière, 1875.

(3) Le produit mv^2 entre comme facteur dans la mesure du travail, mais il n'est pas égal à ce travail. Le travail est égal à $\frac{1}{2} mv^2$.

tité constante, et la loi de la conservation de la force n'exprime rien de plus que la constance de la somme $\frac{1}{2} mv' + \frac{1}{2} m'v'' + \dots$ etc.

Contrairement à l'opinion de M. Spencer, il nous semble impossible de ramener à l'unité le principe de la conservation de la matière et celui de la permanence de la force.

On sait déjà que le principe de la conservation de la force vive diffère notablement du principe posé par Descartes en vertu duquel la quantité de mouvement seule, c'est-à-dire le produit mv, demeurerait inaltérable dans l'univers. Inutile d'insister.

Reste donc à comparer le principe de la conservation de la force avec le principe de l'indestructibilité de la matière. On peut supposer les astres brusquement arrêtés dans leur course sans cesser pour cela d'affirmer la persistance de la matière dont ils sont constitués. Détruire un atome, en supposant que cette destruction fut possible, ne serait pas précisément la même chose que détruire un mouvement. A moins d'identifier la force et la matière, ce qui ne nous est pas encore permis, on est hors d'état d'opérer la synthèse des deux principes.

Au surplus, la force dont il est ici question, ne

participe en aucune sorte de ces prétendues qualités occultes ou entités métaphysiques, qui font si peur à nos savants; la force qui se conserve en quantité constante, c'est le produit $\frac{1}{2} mv'$. Or, on ne voit pas du premier coup ce qu'il peut y avoir de commun entre la quantité de matière et la quantité de mouvement; que la constance de l'une soit une suite naturelle de l'indestructibilité de l'autre, c'est possible; en tout cas, cette liaison a besoin d'être démontrée. Donc, encore une fois, le principe de la conservation de la force n'est nullement assimilable au principe de la permanence de la même quantité de matière; s'il en est ainsi, la démonstration du premier est indépendante de celle du second. On a essayé tout à l'heure de démontrer le principe de l'indestructibilité de la matière, et l'on n'a point réussi. Peut-être sera-t-on plus heureux du côté de la conservation de la force.

Considérons l'ensemble de l'univers, ou plutôt, s'il est trop immense, concevons, s'il est possible, « qu'on en isole une petite portion qui, relative- » ment à la force ou à l'énergie, formera une sorte » de microcosme sur lequel nous pourrons plus » convenablement diriger notre attention (1). »

---

(1) Balfour Stewart. *Loc. cit.*, § 115.

Ceci posé, qu'on jette les yeux sur ce microcosme ou qu'on regarde l'univers, le principe de la conservation de la force implique que le total de toutes les manifestations de la force est une quantité constante.

Quelle preuve avons-nous de ce principe? « Ce » principe, nous dit M. B. Stewart, n'admet pas » une preuve aussi rigoureuse que celle du prin » cipe quelque peu analogue de la conservation » de la matière (1). »

Or, si l'on demande une preuve rigoureuse, il ne semble pas, quoi qu'en dise le savant professeur de Manchester, que le principe de la conservation de la matière satisfasse pleinement à cette condition. Ce principe n'est qu'un postulat; donc, et *a fortiori*, le principe de la conservation de la force ne saurait être rien de plus.

Mais, lors même qu'il ne serait qu'un postulat, l'obligation d'en fournir une preuve satisfaisante, sinon « rigoureuse », n'en subsisterait pas moins; cette preuve, où la chercher?

Dans l'expérience? Alors survient un embarras sérieux; si l'on ne peut affirmer la conservation de la force qu'en faisant appel à la méthode expérimentale, il en résulte, et cela de toute nécessité, qu'au lieu d'un principe capable de supporter la

____

(1) *Loc. cit.*, § 118.

physique tout entière, on sera réduit à se contenter, d'une loi, obtenue par l'expérimentation, légitimée par certains faits, étendue par analogie, j'allais dire par hypothèse, à l'ensemble de l'univers, et cela, pour satisfaire aux exigences de l'esprit de synthèse, qui domine la science tout aussi bien que la métaphysique. Qu'elle ait le droit de généraliser à ce point, la science n'aurait garde de le mettre en doute, et d'ailleurs, en maintes circonstances, elle ne semble guère procéder différemment. Le principe est posé par hypothèse : l'hypothèse implique des conséquences empiriques et par conséquent vérifiables; donc, si l'expérience vérifie les résultats, l'hypothèse monte en dignité, pour ainsi dire, elle devient une loi, un principe.

Faute de mieux, le moyen qu'on nous propose est acceptable, mais il reste toujours à se demander si l'hypothèse adoptée et, nous dit-on, vérifiée, est la seule hypothèse possible. Une autre peut-être, une fois imaginée, se serait montrée tout aussi accommodante; je veux dire qu'à elle aussi les faits auraient pu donner raison.

Dans le cas actuel, et en présence d'un « principe » qui prétend à régir la nature, on ne saurait exiger trop de garanties, et ces garanties pèseraient d'un bien faible poids dans la balance si, pour les obtenir, il fallait s'adresser à l'observation ou à l'expérience.

Mais peut-être perdons-nous notre temps à vouloir démontrer, preuves en mains, un principe rebelle à toute preuve ; peut-être avons-nous été trop prompts à regarder comme un postulat le principe de la conservation de la force, sous prétexte que le principe de la conservation de la matière n'était pas autre chose. Pourquoi ne serait-il pas un axiome ? Dans ce cas il serait inutile d'en essayer une démonstration rigoureuse.

La méthode pour établir l'origine rationnelle du principe en question consisterait à faire reparaître la formule *Ex nihilo nihil*, et à en conclure que, puisque rien ne vient de rien, ni la force, ni la matière ne peuvent être supposées anéanties.

Le raisonnement pécherait par la base; tout à l'heure, on a essayé de faire voir que l'anéantissement de la matière n'est nullement inconcevable; or, je le demande, est-il plus malaisé de concevoir l'anéantissement de la force?

Mais que devient alors l'axiome *Ex nihilo nihil,* et de quel droit se permet-on d'en contester l'autorité ?

D'abord, il s'agit de s'entendre sur l'interprétation à donner à la formule des matérialistes. Dans la bouche des matérialistes, la formule signifie : Rien ne se perd, rien ne se crée. Mais elle peut signifier autre chose et rien n'empêche de la considérer comme une des nombreuses expressions du principe en vertu duquel tout fait a sa cause. Ainsi entendue, la formule est inattaquable.

Elle l'est moins si l'on accepte le premier sens, je veux dire si l'on pose en principe que *rien ne se perd, rien ne se crée*. Cela est possible, mais cela n'est pas évident ; Dieu peut créer le monde, il peut anéantir le monde qu'il a créé. — Mais, une fois créé, il ne saurait y ajouter la moindre parcelle de matière ou de force. — Qu'en savons-nous ? La science l'admet, ou plutôt le postule, mais la métaphysique ne peut rien affirmer à cet égard (1).

Le principe n'est donc qu'un postulat, voilà qui est entendu, et un postulat dont l'expérience ne peut fournir, après tout, qu'une démonstration incomplète.

Mais, si la démonstration expérimentale ne donne pas assez, demandons-nous, avant d'aller plus loin, si notre principe, qui ne peut trouver dans l'expérience qu'un secours insuffisant, serait inaccessible à tout essai de démonstration mathématique. Dans le cas où l'intervention du raisonnement mathématique serait possible, la science y gagnerait considérablement. Au lieu d'une hypo-

____

(1) En supposant même que la matière soit indestructible quant à sa quantité, on peut, sans supposer aucune intervention providentielle, admettre que le principe de la conservation de la force ne soit pas applicable à l'univers entier ; et l'on pose le principe comme universel, comment expliquer les actes libres ?

thèse plausible et même probable, on aurait une vérité évidente, une proposition qui, pour n'être pas un axiome, n'en resterait pas moins, une fois démontrée, aussi évidente qu'un théorème de géométrie ou d'algèbre.

Or, c'est précisément ce qui a lieu. Le principe de la conservation de la force est à la fois un « principe physique » et un « principe mathématique », mathématiquement démontrable. En voici l'énoncé :

Dans tous les cas du mouvement de points matériels libres sous l'influence de leurs forces attractives et répulsives dont les intensités ne dépendent que des distances, la diminution de l'énergie potentielle est toujours égale à l'accroissement de la force vive, et l'accroissement potentiel est égal à la diminution de la force vive. En d'autres termes : *La somme des énergies potentielles et des forces vives, est toujours constante* (1).

---

(1) Helmholtz. *Mémoire sur la conservation de la force.* — Paris, Masson, 1869.

Au principe formulé par Helmholtz, on peut substituer la formule suivante, qui nous semble tout aussi exacte et plus claire :

« Dans tout système de corps élémentaires, mus exclusivement par leurs actions mutuelles pour s'approcher ou s'éloigner les uns des autres, ou de certains autres points, et avec des forces dépendantes des seules dis'ances, la somme du *mouvement* acquis se retrouve toujours la même, toutes les fois que ces corps reprennent les mêmes positions relatives. »

Renouvier. *Le Principe de la Physique moderne.* —

(*La Critique philosophique* du 2 avril 1874.)

S'il en est ainsi, pourquoi ne pas ranger le principe de la conservation de la force, je ne dis point au nombre des axiomes, mais tout au moins au nombre des théorèmes qu'il serait, je ne dis pas téméraire, mais absurde, de vouloir contester?

Ainsi fait la science; néanmoins, il n'est pas certain qu'elle ait ce droit. Remarquons, d'abord, que le principe de la conservation de la force se démontre par le calcul, et cela en dehors de l'expérience; il est reconnu vrai « dans tous les cas du » mouvement de points matériels libres, sous l'in- » fluence de leurs forces attractives et répulsives, » dont les intensités ne dépendent que des dis- » tances. » Donc, pour que le principe ait, en matière d'expérience, une certitude à tout jamais inébranlable, il faut assimiler l'univers à un système mécanique du genre en question. Cette assimilation est possible, ou du moins la science la considère comme telle; mais comment en essayer la preuve?

En posant le principe, en déduisant les résultats du principe, et en interrogeant l'expérience pour savoir si elle offre la représentation sensible de ces résultats. On le voit, malgré tous nos efforts, nous tournons dans un cercle.

La science admet, à titre de postulat, la conservation de la force; elle érige ce postulat en principe; elle en fait une des pierres d'assises de la physique moderne; elle frappe d'interdit quiconque essaierait d'en ébranler la certitude, et pourtant quand on cherche les droits de la science à poser ce principe, on cherche en vain ; je veux dire que tous les efforts tentés pour établir une démonstration solide et absolument inattaquable, demeurent stériles. L'expérience ne dément jamais le principe, elle le confirme toujours ; de plus, étant posées certaines conditions, le raisonnement mathématique établit que « si ces conditions se trouvent réalisées » il est de toute nécessité que la force se conserve en quantité constante. Cette démonstration mathématique ajoute à l'autorité du principe, mais elle n'en saurait être regardée comme la consécration définitive.

Donc, encore un coup, la loi de la conservation de la force est un principe postulé et non un principe démontré, encore moins un axiome (1).

IV. — La loi de la conservation de la force est le principe fondamental, le point de départ des théories régnantes. Ces théories, malgré les nombreuses différences qui les séparent les unes des autres, semblent inspirées par une idée commune ; cette idée, chère à Descartes, consiste à tout réduire à l'étendue et au mouvement, par consé-

____

(1) Ces réserves faites, le lecteur nous permettra de parler le langage de la science et de donner à la loi de conservation le nom de « *Principe*. » Il sait désormais dans quels sens ce mot doit être pris.

quent à opérer la synthèse des phénomènes, où si l'on veut, des « forces physiques. » L'unité des forces, voilà le dernier mot de la physique ; la conservation de la force, voilà le point de départ.

Entre le point de départ et le point d'arrivée, les faits servent d'intermédiaire ; mais avant d'enregistrer ces faits, nous avons à parler d'une hypothèse capitale, tout aussi nécessaire à la constitution de la doctrine que la loi de la conservation de la force, l'hypothèse de l'*éther*. L'existence de l'éther est postulée par la théorie de l'unité des forces.

Hâtons-nous d'ajouter que si à cette théorie en succédait une autre, l'hypothèse du fluide impondérable lui survivrait très-probablement : d'autres raisons plaident en sa faveur, et qui sont étrangères au désir de ramener à l'unité les phénomènes physiques.

Descartes, Malebranche, Huyghens, ont imaginé l'espace rempli d'un fluide subtil, impondérable, prodigieusement élastique ; ce fluide, c'est l'éther ; il pénètre l'intérieur des corps et se continue entre les interstices de leurs particules (1).

La dénomination d'éther lui fut donnée par Huyghens ; Descartes l'appelait : « la matière subtile, » et voici, selon l'auteur des *Météores* et du *Monde*, quelles étaient ses propriétés :

____

(1) *Cf.* Fernand Papillon. *Histoire de la Philosophie moderne*, t. 1, p. 178. Paris. Hachette, 1870.

« La matière subtile, dit Descartes, qui remplit
» les intervalles qui sont entre les parties des
» corps, est de telle nature qu'elle ne cesse jamais
» de se mouvoir, çà et là, grandement vite, non
» point toutefois exactement de la même vitesse
» en tous lieux et en tous temps (1). »

« Les parties sont beaucoup plus petites et se
» remuent beaucoup plus vite qu'aucune de celles
» des autres corps, ou plutôt, afin de n'être pas
» contraint d'admettre aucun vide en la nature,
» je ne lui attribue point de parties qui aient
» aucune grosseur ni figure déterminées ; mais je
» me persuade que l'impétuosité de son mouve-
» ment est suffisante pour faire qu'il soit divisé en
» toutes façons et en tous sens par la rencontre
» des autres corps et que ses parties changent de
» figure à tous moments pour s'accommoder à
» celles des lieux où elles entrent ; en sorte qu'il
» n'y a jamais de passage si étroit, ni d'angle si
» petit entre les parties où celles de cet élément
» ne pénètrent sans aucune difficulté et qu'elles ne
» remplissent exactement (2). »

Par l'éther, Descartes explique tous les phénomènes : la pesanteur, la chaleur, la lumière.

Malebranche, le premier, ou des premiers,

(1) *Les Météores.* Disc. pr., t. v, p. 160, (Cité par Papillon. *Loc. cit.*,
t. 1, p. 125.)

(2) *Le Monde,* t. iv, chap. v, p. 238.

soupçonna que les ondulations de l'éther produi-
saient la lumière, et que les couleurs avaient leur
cause dans les différences des longueurs d'ondes.
Huyghens adopta cette manière de voir et la vérifia
par le calcul (1). Il fit plus encore et jeta les fondements d'une théorie ondulatoire de la lumière ;
la loi de la double réfraction, la polarisation, furent
découvertes par lui (2). Donc, déjà, au xviiᵉ siècle,
l'hypothèse cartésienne devenait féconde ; la physique moderne était née, mais elle devait disputer
pendant près de deux siècles ses droits à l'existence.

C'est à Young et à Fresnel que revient la gloire
d'avoir constitué d'une manière définitive la théorie
de l'éther, et, par cela même, d'avoir donné à cette
hypothèse, je ne dis pas une certitude, mais une
autorité difficilement ébranlable.

Qu'est-ce que l'éther, ou plutôt, étant admis que
ce fluide existe, comment nous est-il donné de le
concevoir ?

1° Il est impondérable, ce qui veut dire qu'on
ne peut pas le peser ; toute comparaison d'un espace plein d'éther avec un espace vide d'éther est

____

(2) *Cf.* Saigey. *La Physique moderne*, p. 47.

(3) F. Papillon. *Loc. cit.*, t. I, p. 79.

manifestement impossible. On ne peut ni condenser l'éther, ni le raréfier (1).

2° Il est inerte : on le prouve, et par les phénomènes astronomiques et par les actions moléculaires. Un corps chaud placé dans le vide se refroidit par rayonnement. Ce refroidissement ne peut s'expliquer que par un déplacement de force vive, laquelle abandonne la matière sensible pour se transmettre à l'éther ambiant; donc cet éther doit avoir « une masse définie inappréciable aux ba » lances, mais qui n'en est pas moins réelle. » C'est par l'intermédiaire de la substance impondérable que la chaleur se transmet aux corps environnants (2). Un corps qui sert de véhicule au mouvement est un corps inerte, et par conséquent matériel.

3° M. de Boucheporn définit l'éther : « Un fluide » inerte, à particules séparées et indépendantes, » quoique étroitement rapprochées (3). » L'éther aurait donc une constitution atomique. A cet égard, l'accord des savants d'aujourd'hui est presque unanime : les éléments de l'éther sont des atomes.

---

(1) *Cf.* Secchi. *Unité des forces physiques*, p. 190. — Fernand Papillon. *La Constitution de la matière et le nouveau dynamisme. Revue des Deux-Mondes* du 1er juin 1873.

(2) *Cf.* Secchi. *Loc. cit.*, p. 191.

(3) *Cf. Du principe général de la Philosophie naturelle*, p. 28. — Paris. Carillan-Gœury, 1853.

Se représenter l'éther comme un milieu continu, c'est, nous dit le R. P. Secchi, se mettre hors d'état d'expliquer la polarisation de la lumière. Cauchy a calculé la distance qui sépare deux atomes d'éther (1).

4° L'élasticité de l'éther est prodigieuse; en effet, la propagation de la lumière est d'autant plus rapide, que le milieu est plus élastique, et l'on sait que la lumière parcourt 298,000 kilomètres par seconde (2). L'éther, selon Huyghens, est formé de sphères élastiques. Les physiciens du temps présent doutent qu'il en soit ainsi. « Ce que l'on » nomme vulgairement l'*élasticité* du fluide éthéré » n'est à nos yeux que la tendance plus ou » moins grande qu'il présente à la rapidité du » choc entre ses particules, en vertu soit de leur » écartement moins ou plus grand, soit de leur » résistance moins ou plus grande au mouvement » par le fait des obstacles (3). »

Selon le R. P. Secchi, l'élasticité des atomes n'est qu'apparente; s'ils se comportent comme des corps élastiques, cela tient sans doute à leur mou-

____

(1) Cette distance doit être sensiblement de $\frac{1}{200}$ de l'onde rouge. — Cf. Cauchy. *Exercices d'analyse et de physique mathématique*, t. 1, p. 326. (Cité par Secchi, *loc. cit.*, p. 181.)

(2) Secchi. *Loc. cit.*, p. 180.

(3) De Beucheporn. *Loc. cit.*, p. 289.

vement rotatoire. « Des théorèmes formulés par
» Poinsot, il résulte qu'un corps dur et non élas-
» tique peut, s'il tourne, être renvoyé par un obs-
» tacle absolument comme un corps doué d'élas-
» ticité; il y a mieux, il a souvent après le choc une
» vitesse beaucoup plus grande qu'avant, parce
» qu'une partie de la rotation s'est changée en
» translation. En général, quand un corps tournant
» vient choquer un obstacle, il ne peut perdre à la
» fois ses deux mouvements (1). »

L'hypothèse de la rotation des atomes d'éther
rend compte de leur élasticité apparente et lève
une difficulté des plus sérieuses, car la notion
d'atome et celle d'élasticité sont incompatibles.
Entre les deux il eût fallu choisir, et aucune raison
décisive n'aurait pu entraîner l'abandon de l'une
ou de l'autre; de plus, la même hypothèse explique
à merveille certains phénomènes d'optique sur lesquels nous n'avons pas à insister, par exemple,
le déplacement latéral des atomes d'éther dans
l'ébranlement lumineux. L'hypothèse est donc
autorisée à prendre rang dans la science (2).

L'éther intervient fort heureusement dans l'application des phénomènes physiques; nous nous en
assurerons plus tard. Pour le moment, il s'agissait
de faire connaissance avec l'agent impondérable,

---

(1) Salgey. *La Physique moderne,* p. 59.
(2) *Ibid.,* p. 01.

et d'essayer une rapide esquisse des propriétés fondamentales qu'il possède, ou du moins qu'il paraît posséder.

Inutile de remarquer, en terminant ce chapitre, combien fragiles seraient les bases de la physique moderne, si les principes qui la fondent ne puisaient dans la fécondité de leurs applications le meilleur de leur autorité. A les considérer en eux-mêmes, aucune raison préalable ne permet d'en contester la valeur; mais aucune raison décisive, non plus, ne met cette valeur à l'abri de toute critique.

Le principe de l'indestructibilité de la matière n'est pas un axiome et ne reçoit point de démonstration péremptoire.   •

La loi de conservation de la force n'est pas un axiome, elle se démontre dans l'abstrait et elle ne vaut pour le monde des corps qu'étant supposées plusieurs conditions dont la réalisation est possible, mais non certaine.

L'existence de l'éther est postulée par la science contemporaine. Repousser le fluide impondérable, c'est ruiner la physique. Toujours est-il que son existence est problématique, et qu'ici, plus que partout ailleurs, on reste dans l'hypothèse.

CHAPITRE VI

LA PHYSIQUE MODERNE (suite). — LES FAITS : CORRÉLATION DES FORCES PHYSIQUES. — ÉQUIVALENT MÉCANIQUE DE LA CHALEUR.

I. Présomptions en faveur de l'unité des forces physiques, empruntées à la physiologie : les *énergies spécifiques* des sens. — II. Corrélation *qualitative* des forces physiques : le mouvement, la chaleur, l'électricité, le magnétisme, la lumière. — III. Corrélation *quantitative* du mouvement et de la chaleur : expériences qui mettent cette équivalence en relief : MM. Joule et Hirn.

CHAPITRE VI

LA PHYSIQUE MODERNE (suite). — LES FAITS : CORRÉLATION DES FORCES PHYSIQUES. — ÉQUIVALENT MÉCANIQUE DE LA CHALEUR.

I. — Les phénomènes physiques ont paru de tout temps réductibles à plusieurs espèces distinctes hétérogènes les unes aux autres. D'où, en raisonnant à la façon scholastique, c'est-à-dire en inférant de la diversité des effets la diversité des causes, on serait porté à croire que les changements qui s'opèrent à la surface des corps sont produits par un certain nombre d'*agents* ou de *forces* distinctes. Nous rapprochons à dessein l'un de l'autre les deux termes *agent* et *force;* car, à première vue, il est clair que le terme *force*, pris au sens physique, ne saurait avoir la même valeur qu'en mécanique. Il gagne en extension, mais il perd en compréhension; que signifie-t-il au juste? Ce que signifient les mots *cause* ou *agent* quand on les applique à l'ordre matériel. Rien de plus vague que ces mots ; sont-ce des entités d'ordre suprasensible ? Sont-ce des matières subtiles, imperceptibles à nos sens, mais susceptibles d'être perçues par des êtres mieux organisés que nous ? Ou bien encore, ces mots n'ont-ils qu'une valeur nominale et leur emploi n'aurait-il d'autre but que de faciliter par une classification méthodique la connaissance de la nature ? Voilà ce qu'à première vue, je le répète, il est malaisé de savoir.

Toutefois, si l'on se reporte d'un siècle en arrière, il semble que le deuxième sens soit adopté ; le phlogistique de Stahl, si heureusement détrôné par Lavoisier, n'était autre chose qu'une sorte de matière ; de même en était-il des agents connus sous le nom de chaleur, lumière, etc...

Ces agents multiples, en nombre relativement restreint, si l'on a égard aux phénomènes qui en dérivent ou paraissent en dériver, la science moderne prétend en réduire le nombre, et cela, en s'appuyant sur la loi de conservation.

La force se conserve en quantité constante : voilà le point de départ. Tous les phénomènes physiques, et partant toutes les forces physiques, ne sont que des formes diverses d'une seule et unique force : voilà où on se propose d'arriver. La prétention semble légitime, et l'on serait tenté de croire que l'hypothèse de l'unité des forces est un corollaire immédiat du principe fondamental.

Ce principe en est la condition nécessaire ; il n'en est point la condition suffisante.

Pourquoi ?

Parce que la permanence dans l'ordre de la quantité n'implique nullement la permanence dans l'ordre de la qualité.

La loi de conservation de la force se prêterait fort bien à l'expression suivante : la quantité d'énergie ou de travail développée par les agents physiques, dans leurs actions réciproques, reste toujours constante, quels que soient, d'ailleurs, la nature des agents et leur mode particulier d'action.

La loi ainsi énoncée ne saurait avoir pour conséquence immédiate la réduction des agents physiques à l'unité. Cette synthèse n'est possible qu'à une condition, c'est qu'on découvre entre les forces physiques un rapport de subordination analogue, ou peu s'en faut, aux relations qui, dans la nature organique, unissent les espèces au genre. Ainsi : 1° poser à titre de principe la conservation de la force ; 2° en maintenant l'hétérogénéité spécifique des agents naturels, trouver l'agent primordial susceptible d'envelopper et d'expliquer tous les autres, telle est la double condition à laquelle doit satisfaire la théorie de l'unité des forces.

A l'égard de la première condition, rien n'est à craindre : on respectera d'autant mieux la loi fondamentale, qu'il semble au premier abord qu'entre ce principe et la doctrine en question, la distance, pour exister, n'est pas infranchissable; on verra qu'elle ne l'est point. Quant à la deuxième condition, tout fait espérer qu'elle sera remplie.

En effet, depuis longtemps les sciences physiologiques ont appris ce qu'il faut penser des prétendues espèces physiques hétérogènes. Cette hétérogénéité spécifique n'a de valeur qu'en physiologie. Chacun de nos sens est doué « d'énergies spécifiques », grâce auxquelles l'homme se figure un univers physique, œuvre d'une infinie variété de causes distinctes et indépendantes. Or, s'il est vrai qu'une part revient aux organes sensoriels dans la perception de la nature extérieure, et qu'eux seuls sont, pour ainsi parler, les ouvriers de cette multiplicité phénoménale, on peut croire que ceux qui parlent de l'hétérogénéité spécifique des forces ne devraient entendre par là qu'une hétérogénéité toute subjective. La tâche se trouve ainsi simplifiée, et rien n'empêche de croire que la nature, en apparence multiple, n'est multiple qu'au regard de l'homme et des êtres organisés comme lui; rien n'empêche de croire qu'en elle-même la nature est une, dans l'ordre de la qualité, comme aussi dans l'ordre de la quantité. La loi de conservation pose la permanence d'une même *quantité* d'énergie; la théorie de l'unité des forces va plus loin et cherche à démontrer la permanence d'une même *qualité* d'énergie. Rien de plus vraisemblable; mais avant d'accepter une théorie, il est prudent d'interroger l'expérience et de se demander dans quelle mesure elle la rend possible.

II. — Qu'on n'attende point de la seule expérience une démonstration complète. Ce qui est incontestable, et l'on en donnera tout à l'heure de nombreux exemples, c'est la « corrélation qualitative » des forces physiques, de toutes ces forces sans exception; ce qui est également incontestable et susceptible d'être prouvé par des expériences nombreuses et décisives, c'est la « corrélation quantitative » de deux de ces forces, la chaleur et le mouvement. Si l'on veut aller plus loin, on sort du domaine de l'observation proprement dite, et l'on franchit les bornes du savoir positif.

Ainsi donc, nous passerons successivement en revue deux ordres de faits : ceux qui prouvent la corrélation (qualitative) des forces, ceux qui établissent nettement et victorieusement l'équivalence mécanique de la chaleur.

Selon M. Grove, on dit que deux forces sont corrélatives quand elles peuvent se manifester simultanément ou successivement.

1° Constatons d'abord que le mouvement engendre la chaleur. Frottez deux corps l'un contre l'autre, les deux corps s'échauffent. Frottez deux pierres l'une contre l'autre, l'étincelle jaillit, donc le mouvement produit la lumière. Si les corps mis en contact sont homogènes, il y a dégagement de chaleur; mais s'ils ne sont pas de même espèce, non-seulement il se manifeste un phénomène de chaleur, mais encore un phénomène d'électricité.

Nous n'avons cité qu'un cas de production de chaleur par l'intermédiaire du mouvement; nous pourrions en accroître la liste, et par des exemples remarquables. Le forage des canons, entr'autres, développe une quantité de chaleur capable de vaporiser à la température de cent degrés, dix litres d'eau en deux heures et demie. La balle de plomb, quand elle frappe la cible, peut s'échauffer jusqu'à son point de fusion. Comprimez un corps quelconque, qu'il soit solide, liquide, gazeux, vous obtiendrez toujours une élévation de température (1).

D'après ces exemples, la science est en mesure d'affirmer que le mouvement produit directement ou indirectement tous les phénomènes d'ordre physique. Directement il peut donner naissance à la chaleur, à l'électricité. La lumière naît, elle aussi, du mouvement, soit par production immédiate, ce qui a lieu chaque fois qu'elle accompagne la cha-

(1) *Cf.* Grove. *Corrélation des forces physiques*, p. 37. Paris, G. Baillière, 1868. — Cazin, *La Chaleur*, p. 63. Paris, Hachette, 1868.

leur née d'un frottement, soit par production indirecte, comme il arrive dans l'étincelle électrique.
Le magnétisme, lui aussi, peut avoir pour cause le
mouvement; entre le mouvement et lui la médiation de l'électricité paraît indispensable.

2° Il n'est point de force physique qui n'obéisse
à l'appel du mouvement; il n'en est point non
plus qui ne se montre docile aux ordres de la
chaleur.

D'abord le mouvement naît de la chaleur. C'est
la chaleur qui fait mouvoir les machines, c'est elle
qui dilate les corps et leur permet, en augmentant
de volume, de supporter la résistance d'un obstacle.
La machine à vapeur sert aussi à élever des far-
deaux; donc la chaleur est une source de travail,
c'est-à-dire de mouvement (1).

La chaleur produit le mouvement, et par son
intermédiaire, les autres espèces physiques (2).

Il en est, toutefois, qui se manifestent *directement* sous son influence. Si l'on prend un cristal
de tourmaline et qu'on chauffe, on obtiendra ce
qu'on peut appeler une séparation électrique; l'une

____

(1) *Cf.* Achille Cazin. *Les Forces physiques*, p. 77. Paris, Hachette,
1877.

(2) Nous disons *espèces physiques*, et non « mode de la force. »
M. Grove emploie cette dernière expression, mais elle est des plus vagues
et nous hésitons à nous en servir.

des extrémités du corps sera électrisée positivement, l'autre négativement.

Maintenant, soudez à un barreau de bismuth un barreau de cuivre, chauffez l'une des soudures, mais faites en sorte que l'autre reste froide, et vous verrez un courant d'électricité positive circuler le long des barreaux (1).

La chaleur est donc susceptible de donner naissance à l'électricité ; comme, d'autre part, il est inutile d'insister sur les expériences qui démontrent son aptitude à produire la lumière, tenons pour certain que la chaleur est une espèce physique dont la manifestation peut, dans certains cas, donner le signal à toutes les autres.

3° Chargez deux corps d'électricités différentes et vous les verrez se rapprocher; prenez deux fils parallèles l'un à l'autre et servant de conducteurs à des courants de même direction, si ces deux fils ont la faculté de se mouvoir, ils s'attireront réciproquement. L'attraction s'obtient par des courants de même sens, la répulsion par des courants de sens opposés (2); si l'on rapproche deux corps chargés d'électricités de nom contraire, les deux électricités semblent courir l'une au devant de l'autre; elles forment un courant et font jaillir

---

(1) *Cf.* Balfour Stewart. *Loc. cit.*, § 160 et 161.

(2) *Ibid*, § 160.

l'étincelle. L'électricité produit la lumière et cette lumière donne naissance à un dégagement de chaleur (1). On sait aussi qu'un courant électrique, formé par les deux pôles d'une pile, échauffe le fil conducteur et le porte, en quelques secondes, à la température du rouge.

Les effets magnétiques du courant sont bien connus; non-seulement il dévie l'aiguille aimantée, mais il transforme le fer doux en un aimant puissant.

L'électricité est donc un agent qui, malgré ses propriétés toutes spéciales, ne fait cependant pas exception à la règle commune.

4° Supposons un aimant fixe, et dans son voisinage des corps conducteurs de l'électricité; si les corps conducteurs se meuvent à travers les lignes de force magnétique, des courants électriques se développent en eux. L'électricité dégagée produit de la chaleur, de la lumière, et par conséquent sert de médiateur au magnétisme. L'expérience prouve que des corps non magnétiques, et qui ne sont point parcourus par des courants, ne restent pas inaccessibles à l'influence d'un puissant aimant. Placés dans son voisinage, ils tendent à se mou-

____

(1) B. Stewart. *Loc. cit.* § 90.

voir. Le magnétisme est un agent capable de produire directement un mouvement, de même, et
dans certaines circonstances, il provoque, sans
intermédiaire, un dégagement de chaleur.

« 5° Une plaque daguerrienne préparée est
» enfermée dans une boîte remplie d'eau et fermée
» par une lame de verre recouverte d'un écran
» mobile. Entre le verre et la plaque, dit M. Grove,
» je place un grillage de fil d'argent; la plaque
» est en contact avec l'une des extrémités du fil
» d'un galvanomètre, et le grillage de fil avec
» l'extrémité d'un hélice de Bréguet (élégant ins-
» trument formé d'une lame très-mince de deux
» métaux soudés ensemble, et dont les dilatations
» inégales indiquent les plus légères variations de
» température); les extrémités restantes du fil du
» galvanomètre et de l'hélice thermométrique sont
» unies par un fil conducteur, et les aiguilles du
» galvanomètre et du thermomètre sont amenées
» à zéro. Aussitôt qu'un rayon de lumière diffuse
» trouve accès sur la plaque, par le déplacement
» de l'écran, les aiguilles se dévient. Ainsi, en pre-
» nant la lumière pour force initiale, nous avons
» sur la plaque une action chimique; dans les fils
» d'argent, de l'électricité circulant sous forme de
» courants; dans la bobine du galvanomètre, du

» magnétisme; dans l'hélice, de la chaleur; dans
» les aiguilles, du mouvement (1). »

La corrélation qualitative des « forces physiques » n'est plus douteuse. Chaleur, lumière,
électricité, magnétisme, mouvement, l'une quelconque d'entre elles peut être considérée par hypothèse comme une force initiale; car il suffit de

------

(1) Grove. *Loc. cit.*, p. 148-149. L'expérience nous a semblé assez
belle et assez décisive pour mériter d'être transcrite. — Citons encore
cette belle page du père Secchi :

« La lumière considérée pendant très-longtemps comme un agen
» destiné exclusivement à mettre les êtres animés en relation avec
» l'univers par l'intermédiaire du sens de la vue, est aujourd'hui comp-
» tée parmi les forces les plus puissantes de la nature... En effet, si
» nos vaisseaux sillonnent les mers sous l'impulsion des vents, la cause
» en est au soleil, *dont les rayons maintiennent notre atmosphère en
» mouvement;* si les cours d'eau animent nos usines et entretiennent la
» vie des végétaux dans nos prairies, ils le doivent à la radiation
» solaire, qui, par l'évaporation, élève dans les airs la vapeur d'eau des
» Océans, laquelle va se condenser dans les hautes régions de l'atmos-
» phère pour venir couler dans nos rivières; si le feu réconforte nos
» corps, et nous rend tout-puissants à l'aide de nos machines à vapeur,
» il tient cette faculté de la lumière qui a décomposé l'acide carbonique
» et l'a transformé en dépôts de force... L'importance du rayonnement
» lumineux s'accroît encore lorsqu'on envisage ses rapports avec les
» autres forces de la nature, et nous devons reconnaître à la cause qui
» lui donne naissance, une influence de premier ordre dans la mécanique
» de la création : ainsi se confirme cette notion vaguement exprimée
» par Képler dans les premières pages de son livre sur l'optique; tous
» les phénomènes de la nature peuvent être rapportés aux principes de
» la lumière. » — *L'Unité des forces physiques,* 2e édition, p. 154.

la rendre manifeste, pour rendre possible la manifestation directe ou indirecte des autres forces.

La première partie de notre tâche est terminée.

III. — L'expérience prouve la corrélation qualitative des forces physiques; elle prouve également bien la corrélation « quantitative » de deux d'entre elles, la chaleur et le mouvement.

Soit un corps de un kilogramme; on l'abandonne à lui-même et il tombe de la hauteur de 425 mètres dans une masse d'eau; l'eau s'agite, puis se calme. Une fois le corps parvenu au terme de sa course, la quantité de mouvement développée dans la chute paraît anéantie.

En revanche, l'eau s'est échauffée et le thermomètre que l'on avait placé dans l'eau avant le choc accuse une élévation de température. M. Joule en Angleterre, M. Hirn en France, ont mesuré la quantité de chaleur produite dans l'exemple précédent; il résulte de leurs expériences, qu'étant donné un poids quelconque, tombant dans l'eau d'une hauteur quelconque, le nombre de calories, c'est-à-dire d'unités de chaleur manifestées est égal au quotient du nombre de kilogrammètres dépensés par 425 (1).

Le nombre 425 est appelé par Mayer l'équivalent mécanique de la chaleur.

____

(1) *Cf.* Achille Cazin. *La Chaleur*, pages 70 et 71.

L'équivalent mécanique de la chaleur est invariable; une unité de chaleur se substitue partout et toujours à 425 unités de travail. Ainsi, quand on emploie la chaleur à la production d'un effet mécanique, on constate qu'il disparaît une quantité de chaleur invariablement proportionnelle au travail accompli.

Il y a donc, ou du moins il est permis de le croire, un rapport de causalité (1) entre la chaleur perdue ou gagnée, et le travail mécanique produit ou dépensé.

La chaleur donne naissance au mouvement, cela est incontestable; mais ce qui l'est moins, ce qui paraît même assez délicat à établir, c'est que dans tous les cas où il y a disparition de chaleur, il y a production de travail. La preuve en est difficile « vu la grande valeur de l'équivalent mécanique de la chaleur. » Voilà pourquoi elle s'est fait si longtemps attendre.

Aujourd'hui, la chose ne fait plus l'ombre d'un doute; on a fait l'expérience pour toutes sortes de machines et même pour les machines animales. M. Hirn a démontré que chaque fois qu'il se produit un travail dynamique, la respiration devient

____

(1) Nous prenons ici le terme causalité au sens empirique. La perte de chaleur a pour conséquent la production d'une certaine quantité de travail.

plus active, et la quantité d'oxygène consommée plus grande.

Nous avions deux stades à parcourir :

1° Montrer qu'à une perte de travail correspond, dans tous les cas d'expérience possible, un gain de chaleur (et réciproquement).

2° Mesurer le rapport entre ces quantités, démontrer la constance de ce rapport.

A cet égard, la science moderne ne laisse plus rien à désirer.

La découverte de l'équivalent mécanique de la chaleur a changé, pour ainsi dire, la face des sciences physiques ; cette découverte, fruit de l'expérience, mais d'une expérience suscitée par le génie, devait faire table rase d'une foule de préjugés et faire justice d'un grand nombre d'erreurs. Avec elle disparaissaient la *chaleur latente* et mille autres idoles ; avec elle devait disparaître la physique ancienne, et sur ses débris s'élever la majestueuse doctrine qui s'appelle aujourd'hui *la théorie de l'unité des forces.*

Cette théorie, dont l'exposé suivra bientôt, est fondée sur un postulat et sur un fait; le postulat est la loi de conservation de la force; le fait est l'équivalent mécanique de la chaleur. Pour concevoir l'indestructibilité de la force, il faut, selon nous, concevoir l'indestructibilité de la matière (1) : l'un n'est pas l'autre, mais l'un conduit à l'autre. Pour mesurer et pour démontrer l'équivalence mécanique de la chaleur, c'est-à-dire la « corrélation quantitative » du travail mécanique et de la chaleur dégagée, il est auparavant nécessaire de démontrer la « corrélation qualitative des espèces physiques. » Tel est l'enchaînement logique des idées et des principes, telle est la démarche de l'esprit dans la construction de cette vaste synthèse, objet suprême de la science et de la philosophie.

----

(1) Le théorème de la conservation des forces vives se démontre *abstraitement* sans qu'il y ait à faire intervenir le principe de la permanence de la matière. Mais, quand il s'agit de passer de l'ordre mathématique à l'ordre physique, il n'en est point de même. En fait, la force paraît toujours unie à la matière; aussi, quand on conçoit l'indestructibilité de l'une, on est naturellement amené à concevoir la persistance de l'autre.

CHAPITRE VII

LA PHYSIQUE MODERNE (3° partie) : LES CONSÉQUENCES
ET LES THÉORIES. — THÉORIE DE L'UNITÉ DES FORCES
PHYSIQUES.

I. Conséquences physiques de la thermodynamie : équivalence générale
des forces physiques. Faits qui autorisent cette induction : pour le
son, pour l'électricité, pour le magnétisme, pour la lumière. —
II. Analyse de la notion d'équivalence : du sens qu'elle doit avoir
en physique et de l'interprétation qu'elle reçoit du principe de la
conservation de la force. — III. Conséquence de la corrélation quantitative des forces physiques : unité de la force; les phénomènes
physiques ne sont que les métamorphoses d'une quantité indestructible d'énergie. Critique de cette interprétation : elle aboutit à
l'idéalisme, et même à un idéalisme abstrait. — IV. La conservation
doit porter non-seulement sur la *quantité*, mais encore sur la *qualité*
de l'énergie : cette interprétation est exigée par l'entendement. Cette
interprétation est, dans une certaine mesure, autorisée par l'expérience : la chaleur, le son, la lumière, l'électricité, le magnétisme,
ne sont que des mouvements. — V. La gravitation et la pesanteur
reçoivent une explication mécanique : résumé de la doctrine. —
VI. Conséquences métaphysiques : elles ne se laissent pas encore
entrevoir; toutes les solutions paraissent encore également possibles.
Nécessité d'ajourner le problème.

CHAPITRE VII

LA PHYSIQUE MODERNE (3ᵉ partie) : LES CONSÉQUENCES ET LES THÉORIES. — THÉORIE DE L'UNITÉ DES FORCES PHYSIQUES.

Nous avons fait pressentir, tout à l'heure, l'existence d'un rapport étroit entre la théorie mécanique de la chaleur et la théorie qui semble dominer la physique contemporaine. Ce rapport existe, mais, pour le moment, il se laisse encore difficilement entrevoir. Nous avons, d'ailleurs, avant de toucher au but, plusieurs degrés à franchir.

I. — Le premier degré sera franchi quand on aura démontré, je ne dis pas seulement l'équivalence du mouvement et de la chaleur, mais encore l'équivalence, ou, comme nous l'avons déjà dit, la corrélation quantitative de tous les agents physiques, sans exception (1).

(1) Le second degré le sera quand on aura démontré l'origine mécanique de ces mêmes forces.

A l'égard du mouvement et de la chaleur, il suffit de généraliser les faits ; pour obtenir la preuve à l'égard des autres forces, il n'en est pas de même ; un pareil résultat ne peut être atteint qu'à l'aide du raisonnement par analogie et du principe de la conservation de la force.

Ce principe, dont la démonstration théorique et abstraite est l'œuvre du raisonnement mathématique, reçoit une preuve nouvelle des expériences de thermodynamie ; c'est lui qui nécessite, selon toute apparence, la corrélation quantitative de la chaleur et du mouvement, et cette corrélation est un fait. Donc les faits donnent raison au postulat, et l'autorisent de plus en plus à garder le nom de « principe. » Mais un principe porte avec lui ses conséquences, et le principe en question n'implique pas seulement l'équivalence de deux forces, mais celle de toutes les forces physiques.

Toutefois, comme il est impossible de méconnaître le caractère de contingence inhérent à la loi de la conservation de la force (1), il est prudent d'interroger la nature et d'employer tous les moyens qu'elle met à notre disposition, pour

____

(1) La démonstration rationnelle du principe n'est applicable à l'expérience qu'étant admises certaines données hypothétiques. Nous l'avons démontré au chapitre V.

savoir jusqu'à quel point les faits déposent en faveur de l'équivalence générale des forces.

Le mouvement produit la chaleur, l'électricité, la lumière; quand le mouvement cesse, la chaleur apparaît; en est-il de même chaque fois qu'à un phénomène de mouvement succède un phénomène d'électricité?

A cet égard, l'expérience est indécise. Faites osciller une balle ou un pendule électrique entre deux corps chargés d'électricités différentes, aucune des théories reçues de l'électricité n'autorise à croire qu'une différence se manifestera dans la quantité actuelle d'électricité mise en jeu, si le pendule vient à être attaché à un levier qui imprime un mouvement à une roue (1). D'autres expériences, au contraire, donnent des résultats plus satisfaisants; on sait, par exemple, et rien n'est plus facile à savoir, qu'il faut un effort assez pénible pour faire tourner le plateau d'une machine électrique en action; au contraire, le plateau se laisse mouvoir sans peine quand la machine ne produit point d'électricité (2).

Donc, non-seulement l'électricité peut être produite par le mouvement, mais encore à toute ma-

____

(1) Grove. *Loc. cit.*, p. 130 et suiv.

(2) Balfour Stewart. *Loc. cit.*, p. 101.

nifestation électrique semble correspondre une perte d'énergie motrice. Quelques faits très-rares, peut-être même observés dans des circonstances défavorables, nous interdisent de donner à cette assertion la portée d'une loi physique; néanmoins, la science proteste contre le mauvais vouloir des faits, elle appelle à son secours la loi de la conservation de la force et passe outre.

Comme la chaleur, l'électricité doit avoir son équivalent mécanique; on ne l'a point encore calculé; peut-être y réussira-t-on, le jour où les savants auront, d'un commun accord, déterminé l'*électrie*, c'est-à-dire l'unité d'électricité. Le premier progrès en appellerait bientôt un second, et la science nous apprendrait alors à combien de kilogrammètres équivaut l'*électrie* (1).

Nous n'insisterons pas sur le magnétisme; tout le monde sait aujourd'hui que les phénomènes magnétiques et les phénomènes d'électricité sont congénères.

On ne connaît point encore l'équivalent mécanique du son, mais, de ce côté, les difficultés sont moindres que tout à l'heure; il suffirait, pour atteindre le but, de fixer l'unité de son (2).

____

(1) *Cf.* Saigey. *La Physique moderne*, p. 117-118.

(1) Y aurait-il lieu, toutefois, de déterminer l'équivalent mécanique du son? Le son est le résultat d'un mouvement, d'une nature particulière effectué par des masses matérielles solides, liquides ou

Reste la lumière : elle aussi doit avoir son équivalent mécanique, mais comment le découvrir? Le spectre solaire produit des effets lumineux, chimiques, calorifiques; les radiations ultra-violettes donnent les effets chimiques les plus intenses; les radiations calorifiques atteignent leur maximum au-delà du rouge. Qu'en conclure? C'est qu'il y a correspondance entre les quantités de lumière qui ont cessé d'être manifestes et celles de chaleur et d'activité chimique par lesquelles elles semblent avoir été remplacées. Ici, comme partout, à une disparition correspond une apparition. Nous pouvons donc conclure, et dire :

1° Les forces physiques se substituent les unes aux autres ;

2° Elles se substituent les unes aux autres en quantités rigoureusement définies.

II. — On sait ce qu'il faut entendre par équivalence; on sait que des quantités peuvent être équivalentes et n'être pas égales. En chimie, par

---

gazeuses ; par suite, une quantité donnée de son représente en dernière analyse, une certaine quantité de force vive sous forme mécanique. Il ne semble pas y avoir plus lieu de déterminer l'équivalent mécanique du son que l'équivalent mécanique du kilogrammètre. Si l'on se pose la question de savoir pourquoi ce mouvement vibratoire affecte certains nerfs, on sort de la question qui nous occupe et on emplète sur le domaine de la physiologie.

exemple, 33 grammes de zinc se substituent à 2 grammes d'hydrogène ; on dit alors que le zinc a pour *équivalent* 33. En physique, il se passe quelque chose d'analogue : des quantités constantes d'un ordre se substituent à des quantités constantes d'un ordre différent. Mais, comme on se trouve en présence de qualités hétérogènes, il ne peut guère être question que d'équivalence et non d'égalité ; le son, la chaleur, l'électricité, la lumière, sont des forces corrélatives, mais qui ne sont point directement *commensurables*.

Toutefois, le parallélisme est-il possible entre la notion d'équivalent d'une substance chimique et celle d'équivalent mécanique, thermique ou électrique de la chaleur, de l'électricité, du mouvement ? Un gramme d'hydrogène met en liberté 33 grammes de zinc et vient prendre leur place ; le zinc est chassé de sa position primitive, mais il ne disparaît pas ; on le retrouve après l'opération. L'hydrogèno le remplace, mais ne l'absorbe point.

Or, c'est précisément ce qui a lieu chaque fois que 425 unités de travail mécanique se laissent remplacer par une unité de chaleur : le mouvement disparaît et semble absorbé par la chaleur. Alors quelque chose était tout à l'heure qui n'est plus maintenant. De même si la chaleur redevient insensible, et si le mouvement se manifeste à nouveau, osera-t-on dire qu'après avoir été réduit à néant, la Providence lui a de nouveau rendu l'être?

Équivalence n'est pas égalité, soit; mais si la chaleur qui succède au travail mécanique ne lui est pas rigoureusement égale en quantité, qu'est devenue cette partie de la force motrice restée à la traîne? La force ne se conserverait-elle donc pas en quantité constante?

Ou l'on infirmera la loi de conservation, ou l'on donnera au fait de l'équivalence des forces la véritable portée scientifique et philosophique. Entre ces deux alternatives, le choix ne saurait être douteux.

III. — 1° La force se conserve en quantité constante;

2° Cette force, qui se conserve, se convertit in-cessamment, et ce qu'on appelle « les forces phy-siques », ne représente en dernier analyse que l'ensemble des transformations de l'unique et immuable énergie. Voilà quel paraît être le dernier mot de la physique moderne.

Donc, il n'y a qu'une seule force, qu'une seule énergie; mais cette force, qu'est-elle?

Est-elle chaleur, lumière, électricité, magné-tisme? Elle est certainement tout cela, mais les formes de la force ne sont rien de plus que ses aspects sensibles. Tantôt (1) la force apparaît comme chaleur; tantôt, et comme par l'effet d'un changement à vue, elle prend, si j'ose dire, un nouveau costume; nous ne percevons plus de la chaleur, mais nous percevons de l'électricité. Qu'est donc la force, abstraction faite de toute forme?

Dirons-nous avec Robert Mayer : « On nomme *force* tout ce qui peut être converti en mouvement? » Ce n'est point là une définition, car pourquoi ne pas nommer aussi bien de ce nom ce qui peut être converti en chaleur, en lumière, etc...? Aucune des formes de la force ne saurait être regardée comme la cause des autres (2); chacune d'elles, prise comme point de départ, donnerait les mêmes résultats.

La vraie définition ne serait-elle pas celle-ci : la force est l'agent de la conversion qualitative des phénomènes physiques; elle est ce qui demeure, pendant qu'ils s'écoulent et disparaissent chassés les uns par les autres; elle est la substance im-

---

(1) « Toutes les forces de la nature se réduisent à une seule. La force
» peut revêtir toutes les apparences : elle devient tour à tour chaleur,
» travail mécanique, électricité, lumière... Parfois la force semble dis-
» paraître, mais elle n'a fait que *se cacher*; on peut la retrouver tout
» entière et la faire passer de nouveau par le cycle de ses transforma-
» tions. »   Marey. *La Machine animale*, p. 2. Paris, Baillière, 1874.

(2) *Cf.* Grove. *Loc. cit.*, p. 17.

muable de ces qualités indéfiniment changeantes ; tranchons le mot, elle est le facteur quantitatif de ces qualités, facteur que nous savons être constant. La qualité change et se convertit ; la quantité persiste indéfectible ; c'est donc elle qui constitue essentiellement la force, et voilà quelle est la substance de l'univers.

Est-ce bien l'expérience qui dicterait cette conclusion ?

Le principe de la conservation de la force établit que la somme des forces vives et des énergies potentielles est constante. — Mais quelle est l'exacte portée de ce principe? J'y vois bien que la quantité de la force est indestructible, mais je n'y vois nullement que cette quantité soit un agent de conversion, de métamorphose, et c'est là ce que l'on prétend quand on définit la force : *ce qui peut être converti* en mouvement, ou en chaleur, ou en lumière, etc.

De deux choses l'une : ou la force est quelque chose de plus qu'une quantité ou qu'une qualité, et alors apprenez-nous ce qu'est cet inconnu ; ou la force n'est rien de plus qu'une quantité qui, toute constante qu'elle est, se convertit en qualités multiples, hétérogènes les unes aux autres ; mais, s'il en est ainsi, nous sommes en présence d'un monde inintelligible.

En effet, du moment où la quantité seule constitue le réel de la matière cosmique, Descartes a raison et l'idéalisme mathématique se trouve être le dernier mot de la philosophie première. La science a pour domaine la catégorie de quantité; nul ne l'ignore, et son triomphe est de pouvoir tout y réduire. Mais, si l'on passe du point de vue mathématique au point de vue métaphysique, on reconnaît aisément que la quantité pure est un être de raison, et qu'expliquer les différents états de la matière par les métamorphoses qualitatives d'une quantité invariable, c'est ramener le concret à l'abstrait. La quantité est impliquée dans la qualité; il existe entre l'une et l'autre un ordre hiérarchique, mais il est faux de prétendre que la quantité occupe le sommet de la hiérarchie, et que la qualité ne vaille que par elle. La nécessité mathématique serait-elle par hasard la suprême loi des choses ?

IV. — Reconnaissons, toutefois, que même sans franchir les bornes de la science, il paraît absolument impossible d'identifier la substance de l'univers à la quantité constante de l'énergie qu'il manifeste, sans revêtir cette quantité, au moins par la pensée, d'un vêtement, d'une forme, d'une *qualité*, en un mot, qui se trouverait placée vis-à-vis des autres comme l'est, dans l'ordre des sciences biologiques, un genre vis-à-vis des espèces qu'il contient. Une quantité constante se retrouve en quelque sorte sous les qualités variables et multiples de la matière : soit ; mais n'est-il pas possible d'admettre que toutes ces qualités n'ont ni la même valeur, ni la même importance, et pourquoi l'une d'entre elles ne jouirait-elle pas d'un privilége exclusif, celui d'être donnée en même temps que l'une quelconque des autres, et de leur tenir lieu pour ainsi dire de support ou de substance?

L'hypothèse n'est point invraisemblable ; elle l'est d'autant moins, que parmi les différents états des corps, l'un d'entre eux, le mouvement, satisfait assez bien aux conditions requises. Essayons de réduire au mouvement les phénomènes physiques; aux termes vagues « énergie, force », substituons le terme beaucoup plus précis, « mouvement »; qu'allons-nous y gagner?

Et d'abord, y gagnerons-nous? Réduire au mouvement la pluralité des espèces physiques, n'est-ce pas, encore une fois, réduire la qualité à la quantité ? — Nullement. De ce que mieux que toutes les autres la force motrice se prête à la mesure, est-ce une raison pour la dépouiller de toute propriété qualitative, et pour ne voir en elle qu'une quantité (1)?

____

(1) Kant, dans sa *Métaphysique de la Nature*, considère le mouvement sous le double point de vue de la *quantité* et de la *qualité*. La science du mouvement — *quantité*, porte le nom de *phoronomie*; celle du mouvement — *qualité*, reçoit le nom de *dynamique*.

La science n'exige pas que l'on aille aussi loin. Le mouvement participe de la quantité, mais n'est-il qu'une quantité?

Avant de le mesurer, on le constate, on le « perçoit. »

— D'accord, nous répondra-t-on, le mouvement affecte nos sens, cependant, il n'est point seul à faire impression sur eux : toute perception de mouvement enveloppe une perception d'étendue, de lumière, de résistance. Le mouvement considéré en lui-même est-il rien de plus qu'une abstraction? — Mais il en est ainsi de toutes les propriétés physiques : je ne vois donc pas pourquoi le mouvement serait exclu de ces dernières, si ce n'est parce que mieux que toutes les autres, il se prête à la mesure : la raison n'est pas sérieuse.

Etant une qualité au même titre que les autres, le mouvement, sans cesser d'être une propriété physique, peut se concevoir néanmoins comme les enveloppant et les contenant toutes, comme leur étant une sorte de *substratum phénoménal.* Ainsi entendue, la théorie de l'unité des forces regagne le crédit qu'une interprétation un peu hâtive risquerait de lui faire perdre.

On le voit, et nous l'avons déjà montré, entre les qualités premières et les qualités dites secondes, l'écart n'est pas tel qu'il ne puisse être franchi. Donc en ramenant les phénomènes physiques à des phénomènes de mouvement, on ne fait que ramener un ensemble de formes spécifiques à un type générique plus vaste et plus compréhensif.

On a choisi comme type le mouvement. N'aurait-on pas d'aussi bonnes raisons pour choisir la chaleur ou même l'électricité? Non. Il serait incommode de choisir une espèce physique n'offrant pas aisément prise à la mesure. Le privilége d'être facilement mesurable désignait le mouvement au choix des physiciens. Mais voici des raisons plus décisives, et pour la plupart empruntées à l'expérience.

Considérés en eux-mêmes et dans leur réalité objective, les phénomènes de chaleur sont des mouvements, et la matière pesante paraît susceptible de recevoir trois espèces de mouvement : le mouvement de translation dans l'espace, le mouvement moléculaire, le mouvement vibratoire (1). Les trois formes spéciales du mouvement expliqueraient les phénomènes mécaniques, calorifiques et acoustiques.

Que le son ne soit qu'un mouvement, voilà qui est hors de doute. A tout instant, et par la seule observation, on peut constater le mouvement l'une

---

(1) Le mouvement de translation s'applique aux *masses*. Le mouvement moléculaire n'est pas nécessairement vibratoire; les molécules peuvent s'écarter les unes des autres, sans revenir occuper leurs positions respectives.

corde sonore, et il suffit d'un regard attentif pour se convaincre que la cause effective du son est moins en dehors de nous qu'en nous-mêmes. Là où l'oreille entend du bruit, un être pourvu de sens extrêmement subtils percevrait peut-être les mouvements vibratoires de l'air atmosphérique. Chacun de nos sens spéciaux serait donc fort bien assimilé à une vraie langue ayant sa grammaire et son génie particuliers; l'œil traduirait le mouvement en couleur, l'oreille le traduirait en son.

Ces mouvements que l'ouïe et la vue perçoivent à leur manière, sont-ils bien des mouvements? Les appeler de ce nom, n'est-ce pas s'exposer à rendre obscure une notion exacte et précise? N'est-ce pas imposer un même nom à deux choses hétérogènes? Qu'y a-t-il de commun entre la corde qui vibre et le projectile qui traverse l'espace suivant une direction déterminée?

A première vue, l'analogie semble lointaine, et cependant le mouvement de translation n'est pas absolument hétérogène au mouvement vibratoire. Imaginons un mobile qui, après avoir franchi la distance d'un point A à un autre point B, reviendrait successivement de B en A et de A en B, et nous aurons ainsi une représentation nettement perceptible du mouvement vibratoire. Rapprochons d'aussi près que possible les deux points en question, supposons le mobile animé d'une vitesse

excessive, et nous aurons réalisé ce mouvement.

L'analogie est plus facile à établir entre le
mouvement de translation et les mouvements moléculaires; ils sont imperceptibles à l'œil; on les
reconnaît et on les distingue des autres à la sensation de chaleur que leur apparition détermine
chez les êtres organisés. Ceci posé, l'expérience
prouve que la chaleur dilate les corps; elle
prouve que la matière est poreuse, disons mieux,
qu'un corps est un agrégat de molécules; la dilatation n'est alors autre chose qu'un commencement de rupture d'équilibre entre ces molécules.
Quand cette dilatation atteint un certain maximum,
la cohésion cesse et le corps change d'état : de
solide il devient liquide, de liquide il peut être
réduit en vapeurs; donc la chaleur produit un
travail moléculaire. Si maintenant on se rappelle ce
qui a lieu dans l'expérience du kilogramme d'eau
tombant d'une hauteur de 425 mètres, à savoir,
l'échauffement du liquide quand il est arrivé au
terme de sa course, la disparition apparente du
travail mécanique, qu'en faut-il conclure? Que le
mouvement de la masse totale, ne pouvant plus
se continuer, s'est distribué dans l'intérieur de la
masse et s'est distribué entre ses parties constituantes. Cette conclusion n'est pas une hypothèse,
elle est la traduction littérale d'un fait. Donc, il ne

faut point dire : « le mouvement se convertit en chaleur », mais bien, « le mouvement change de rhythme, il se transpose; au lieu d'une translation de masse, nous avons un écartement de molécules », un mouvement a succédé à un mouvement.

Que d'obscurités se dissipent à la clarté de la théorie nouvelle! Plus de chaleur latente; l'absorption de chaleur qui accompagne le passage de l'état solide à l'état liquide, n'offre plus rien de mystérieux : il fallait écarter des molécules, et par conséquent « produire un travail. »

Le son est un mouvement; la chaleur, elle aussi, est un mode du mouvement; ces trois espèces physiques se raniment les unes aux autres et l'hétérogénéité des sensations cesse d'impliquer des causes hétérogènes.

L'électricité et le mouvement, la lumière et le mouvement, voilà deux groupes de forces équivalentes et corrélatives. Pourquoi auraient-elles un sort différent des autres? Pourquoi ne seraient-elles pas, comme les précédentes, des modes du mouvement?

De ce côté, l'expérience n'est point silencieuse, tant s'en faut, mais elle se montre plus discrète. Fort heureusement, l'imagination est là, qui prend la parole à sa place, non point pour la contredire, mais pour la mieux interpréter; une hypothèse

intervient, et cette hypothèse, admirablement
féconde, peuple l'univers d'un fluide impondérable,
éminemment subtil, animé d'une effrayante vitesse;
ce fluide est l'éther.

Quelles raisons plaident en faveur de son existence? Nous les avons déjà sommairement indi-
quées; inutile d'y revenir. L'important n'est plus
de justifier l'hypothèse, mais bien d'en marquer les
conséquences.

La lumière naît du mouvement et retourne au
mouvement; chacun le sait, mais ce n'est pas
assez dire : la lumière est un mouvement, ou du
moins la sensation de lumière a pour cause physique les vibrations du fluide impondérable.

Pourquoi ce fluide? Pourquoi ne pas dire de la
lumière qu'elle est un mouvement de la matière au
même titre que le son, par exemple? Les lois de
l'une ne sont-elles pas les lois de l'autre? ondes
lumineuses, ondes sonores, les unes et les autres
se réfléchissent suivant un angle d'incidence égal à
l'angle de réflexion; le phénomène des interfé-
rences est commun à l'optique et à l'acoustique.

Il y a plus : comparez la chaleur et la lumière,
non-seulement vous serez frappé de leur analogie,
mais vous inclinerez à croire qu'elles sont identiques; la chaleur rayonne comme la lumière et
selon les mêmes lois, les rayons lumineux et les
rayons calorifiques se réfléchissent, se réfractent,

etc... Et pourtant rien ne prouve que la chaleur soit autre chose qu'un mouvement de la nature pondérable. Donc, on ne voit pas du premier coup que l'éther doive intervenir dans l'interprétation mécanique des phénomènes lumineux ; l'identité des lois n'implique-t-elle pas l'identité des causes?

A cela, on peut répondre :

1° L'éther est impondérable, il est vrai, ou du moins on le conçoit tel ; mais pour être impondérable, il n'en est pas moins impénétrable, inerte ; il n'en est pas moins *matière*, par conséquent. Donc, si l'éther vibre, et si, comme tout le fait pressentir, il existe des ondes d'éther, des vibrations de l'éther, les lois qui président à ces sortes de mouvements, seront vraisemblablement celles qui règlent les ondulations de la matière pondérable ; donc, enfin, l'analogie entre les lois du son et les lois de la lumière ne saurait constituer une objection sérieuse contre l'existence de la matière subtile.

2° Que l'éther soit étranger aux phénomènes d'acoustique, nul doute à cet égard ; est-il absolument étranger aux phénomènes de chaleur? Cela n'est point démontré. Le R. P. Secchi plaide la négative et M. Achille Cazin se range à cet avis. « Aujourd'hui, nous dit-il (1), on croit généralement

---

(1) Achille Cazin. La *Chaleur*, p. 99.

» que les sources de chaleur et de lumière n'en-
» voient à travers l'éther qu'une seule espèce de
» pulsations, et que ces pulsations peuvent différer
» entre elles suivant la rapidité de leur succession,
» de même que les sons aigus diffèrent des sons
» graves par la rapidité des vibrations du corps
» sonore. Un rayon qui propage dans l'éther une
» suite de pulsations très-rapprochées les unes des
» autres, agit spécialement sur notre œil et y dé-
» termine une impression de lumière, parce que le
» nerf de notre œil est organisé pour cela. Au con-
» traire, un rayon qui propage une suite de pulsa-
» tions très-écartées les unes des autres, n'impres-
» sionne pas notre œil, tandis qu'il peut impres-
» sionner les nerfs du toucher et y causer la sensa-
» tion de la chaleur. Mais il n'y a pas entre ces deux
» rayons de différence essentielle, quant au mou-
» vement qu'ils représentent; *mécaniquement, ils*
» *sont de même espèce.* Ils ne diffèrent que par
» leur qualité, relativement à nos sens. »

En somme, aucune raison décisive ne prévaut
contre celles qu'invoquent les partisans de l'éther.
A l'heure actuelle, d'ailleurs, les partisans du fluide
impondérable ne se comptent plus. Sans l'éther, la
théorie de la chaleur reste boiteuse; sans l'éther, ni
la lumière, ni l'électricité, ne peuvent recevoir une
explication mécanique; les difficultés naissent à
chaque pas et le problème se complique. Si la

lumière, par exemple, se propageait par la matière elle-même, chaque fois qu'elle traverse un corps en mouvement, sa vitesse devrait être augmentée ou diminuée de toute la vitesse propre aux molécules pesantes; or, c'est ce qui n'a point lieu (1). Au surplus, la théorie ondulatoire paraît être assez étroitement liée à l'hypothèse de l'éther, et la théorie ondulatoire ne saurait être mise en question.

C'est encore le même éther qui fera rentrer dans le droit commun l'électricité et le magnétisme.

L'électricité et le magnétisme ne font qu'un : si le premier n'est qu'une forme particulière du mouvement, le second ne sera guère autre chose; aussi ne nous occuperons-nous que des phénomènes électriques.

L'électricité est statique ou dynamique; elle est en repos ou en mouvement. Les phénomènes de tension présentés par les corps électrisés statiquement, déposent en faveur d'une force résidant à la surface de ces corps, mais c'est tout. Il resterait à savoir quelles modifications intérieures cette force détermine (2). Pour y réussir, il faut examiner un courant. On sait qu'un courant se forme chaque

---

(1) *Cf.* Secchi. *Loc. cit.*, p. 231.

(2) *Cf. Ibid.*, p. 278.

fois que les deux pôles d'une pile communiquent par l'intermédiaire d'un fil bon conducteur.

Or, le 8 avril 1822, Ampère écrivait : « Un mou
» vement qui se continue toujours dans le même
» sens malgré les frottements, malgré la résistance
» des milieux, et ce mouvement produit par l'ac
» tion mutuelle de deux corps qui demeurent
» constamment sur le même état, est un fait sans
» exemple dans tout ce que nous savions des pro
» priétés que peut offrir la matière inorganique.
» On ne peut attribuer cette action qu'à des fluides
» en mouvement dans les conducteurs qu'ils par
» courent en se portant rapidement d'une des
» extrémités de la pile à l'autre (1). »

Ampère se trompait en affirmant l'état invariable des corps qui engendrent le courant ; mais
il voyait juste en considérant le courant « comme
un véritable état dynamique de la matière. » Point
de courant qui ne soit un mouvement, et qui plus
est, un mouvement de translation. L'hypothèse d'un
simple mouvement vibratoire paraît inconciliable
avec les faits ; en étudiant les lois de la propagation
électrique, en les comparant aux lois de la propagation de la chaleur, on constate simplement une
analogie entre les formules, mais l'analogie est

---

(1) *Cf.* Secchi. *Loc. cit.*, p. 284-285.

lointaine et la comparaison n'est possible que par quelques points.

On est donc fondé à dire que tout courant électrique a sa raison d'être dans un flux de matière ; mais de quelle matière ?

Rien n'autorise à croire que le passage d'un courant dans un fil en augmente le poids. De plus, si l'on prend deux fils hétérogènes se continuant l'un l'autre, un fil de cuivre, par exemple, et un fil de fer, on remarque qu'il ne reste dans la masse de ce dernier aucune trace du passage du cuivre, si ce n'est pourtant au point de jonction des deux métaux. C'est donc l'éther qui traverse le fil, non la matière pesante (1).

Autant qu'il nous est permis d'en juger, cette dernière hypothèse ne présente pas les mêmes garanties que les précédentes : des faits l'autorisent, d'autres faits la combattent. Toujours est-il que, selon les idées qui ont cours à notre époque, rien n'empêche de se représenter l'éther comme animé d'un double mouvement : l'un transversal, l'autre longitudinal ; de là deux sortes de phénomènes : les phénomènes électro-magnétiques, et les phénomènes caloriques-lumineux.

Les expériences auxquelles il est fait allusion, sont empruntées aux savants eux-mêmes, et l'auto-

----

(1) *Cf.* Salgey. *Loc. cit.*, p. 123 et suivantes.

rité qui leur est reconnue par nous, est celle-là
même qu'ils leur reconnaissent ; quant aux hypothèses et aux généralisations qui dépassent la portée
des expériences, elles sont l'œuvre du génie scientifique, et le crédit presque universel dont elles
semblent jouir, les élève, ou peu s'en faut, au rang
de vérités.

On sait maintenant pourquoi la physique moderne accorde une aussi grande place au mouvement : si elle a choisi cette force physique pour
force initiale, ce choix n'a rien d'arbitraire. Le
mouvement paraît être, en effet, le phénomène
générateur par excellence, la seule propriété physique peut-être de la matière ; tous les phénomènes
physiques sont **des mouvements**.

V. — La réduction des phénomènes physiques
au mouvement simplifie le problème ; si la science
était encore « à l'état théologique », pour me servir
d'une expression chère aux positivistes, si chaque
espèce de phénomène avait, comme autrefois, son
fluide spécial, il nous faudrait prendre à part
chacun de ces fluides et déterminer une à une la
nature et l'essence des forces physiques. Aujour-
d'hui la tâche est rendue plus facile : il n'y a
qu'une force, ou du moins qu'un agent ; disons
mieux, l'hétérogénéité spécifique des phénomènes,
semble toute de surface ; donc, tous les effets phy-

siques rentrent dans un seul et même groupe, le groupe des mouvements.

Je le répète, le problème est simplifié ; il n'est pas supprimé. Une dernière question reste pendante : qu'est-ce que le mouvement ?

Or, de quelque façon qu'on s'y prenne, l'idée de mouvement suscite toujours la notion de force : si les phénomènes physiques ne sont rien de plus que des effets du mouvement, s'ils sont des mouvements, il faut bien en conclure que leur cause est identique à la cause du mouvement ; mais cela ne nous apprend point quelle est cette cause, et c'est précisément ce qu'il faut savoir. En un mot, le problème de la force n'est pas encore résolu, et la solution n'en saurait être différée.

Mais comment s'y prendre pour ébaucher cette solution ? La mécanique ne définit point la force, ou du moins n'en pénètre pas la nature ; la physique ne fait guère davantage, elle fait même beaucoup moins, car elle prodigue le terme force, l'employant tantôt au singulier, tantôt au pluriel, parlant ici des « forces physiques », là des « modes de *la force* », là enfin, assimilant les forces physiques à des « effets du mouvement. » Comment s'orienter dans ce labyrinthe ?

On sait que la mécanique apprend à mesurer la force, sinon à connaître sa nature essentielle ; on sait de plus que, pour la mesurer, elle assimile toute force à celle qui fait tomber les corps, la pesanteur. Qu'est-ce que la pesanteur? Jusqu'à présent nous n'en savons rien encore ; mais, si par hasard la question se laissait résoudre, le problème de la force aurait fait un grand pas.

Il y a plus, une fois le mystère de la pesanteur éclairci, la gravitation des astres se trouverait d'elle-même clairement et définitivement expliquée ; en effet, les corps tombent par la même raison que les astres se meuvent : gravité et gravitation, c'est tout un.

Ce n'est pas assez dire ; car non-seulement on expliquerait par ce moyen le mouvement des masses terrestres et célestes, mais encore les mouvements moléculaires. Les molécules gravitent, les atomes gravitent ; ainsi c'est un seul et unique problème qu'il s'agit de résoudre et qui intéresse trois sciences distinctes : la mécanique, l'astronomie, la physique.

Qu'est-ce donc que la gravité? Qu'est-ce que la gravitation ?

« Nous disons que les phénomènes généraux
» de l'univers sont *expliqués* autant qu'ils puissent
» l'être par la loi de la gravitation newtonienne,
» parce que, d'un côté, cette belle théorie nous mon-
» tre toute l'immense variété des faits astronomiques
» comme n'étant qu'un seul et même fait envisagé
» sous divers points de vue, la tendance constante

» de toutes les molécules en raison directe de
» leurs masses et en raison inverse des carrés de
» leurs distances, tandis que, d'un autre côté, ce fait
» général nous est présenté comme une simple
» extension d'un phénomène qui nous est émi-
» nemment familier, et que, par cela seul, nous
» regarderons comme parfaitement connu, la pesan-
» teur des corps à la surface de la terre. Quant
» à déterminer ce que sont en elles-mêmes cette
» attraction et cette pesanteur, *ce sont des ques-*
» *tions que nous regardons tous comme in-*
» *solubles*, qui ne sont plus du domaine de la
» philosophie positive, et que nous abandonnons
» avec raison à l'imagination des théologiens ou
» aux subtilités des métaphysiciens. »

Ainsi s'exprimait en 1830 le père de la *Philo-*
sophie positive, Auguste Comte (1); mieux valait
à ses yeux ne point examiner le problème que de
lui imposer une solution métaphysique.

On connaît l'hypothèse newtonienne ou du
moins l'interprétation qu'elle reçut des disciples du
grand astronome : les corps gravitent parce qu'ils
s'attirent. Or, de deux chose l'une : ou cette
attraction n'est qu'un mot, et alors qu'on le
bannisse de la science, ou cette attraction est réelle,

----

(1) *Cours de Philosophie positive*, t. 1er, p. 17, quatrième édition.
— Paris, J.-B. Baillière. 1877.

et, dans ce cas, un seul moyen de nous la représenter nous est offert. Bon gré, mal gré, il faut doter la matière d'un principe d'action analogue à celui qui détermine les résolutions de l'animal, et quelques-unes, pour ne pas dire un très-grand nombre, des résolutions de l'homme. Mais, la science rompait à toutes ses habitudes, si elle s'avisait de prendre l'attraction au sérieux; Newton lui-même voulait du mot, mais il ne voulait pas de la chose (1).

L'usage du mot attraction est donc, je ne dis pas irrationnel, mais tout au moins antiscientifique (2).

Soit : on constatera un fait, on n'en cherchera point l'explication; on dira que la gravitation est la loi universelle de la matière, qu'elle s'applique

---

(1) Témoin sa fameuse lettre à Bentley, citée par M. Janet dans son *Matérialisme contemporain*, p. 65 de la première édition, et par Fernand Papillon dans le premier volume de son *Histoire de la Philosophie moderne*, p. 196. Il est vrai que Newton, tout en répudiant l'action à distance, et en supposant que la gravité « doit être causée par un agent qui opère constamment selon certaines lois », laisse à la décision de ses lecteurs la question de savoir « si cet agent est matériel ou immatériel. » Newton va trop loin s'il admet l'intervention possible d'un agent immatériel ; pourquoi ne s'en tient-il pas à l'action à distance?

(2) *Cf.* Auguste Comte, *loc. cit.*, t. II, p. 169-170. Il est étrange de voir combien ce vigoureux et puissant esprit était peu apte aux conceptions métaphysiques et surtout psychologiques. Le mot attraction lui semble impropre parce qu'il éveille l'idée de *traction*. Les physiciens attractionnistes ne l'entendent pas ainsi : attraction à leurs yeux est synonyme de *tendance*.

aux grandes masses comme aux petites, aux molécules comme aux agrégats moléculaires; cela dit, on s'interdira d'aller plus loin. Après tout, quand on a ramené au mouvement la chaleur, l'électricité, la lumière, on tient l'explication définitive; or, il n'y a point lieu de se demander si la gravitation est réductible au mouvement, puisque, à cet égard, l'apparence concorde avec la réalité, puisque, aux yeux de tous, la gravitation se manifeste sous la forme mécanique; ceci posé, nous dit-on, le mouvement se constate, mais ne s'explique point, le mouvement est le fait ultime au-delà duquel s'ouvre le monde de l'inconnaissable.

Ce sont là des raisons spécieuses; sans doute le mouvement ne s'explique pas, ou, du moins, la science revendique le privilége de n'en pas chercher la cause. Mais, c'est le mouvement « en général » qu'elle renonce à expliquer; or, le mouvement « en général » n'est pas adéquat à la gravitation; le mouvement est un genre, la gravitation est une espèce, comme le mouvement-chaleur, comme le mouvement-lumière; ces derniers, on en cherche la cause; mais alors, de quel droit serait-on dispensé de toute recherche analogue quand il s'agit de propriétés aussi universelles que la gravitation et la pesanteur?

Encore une fois, j'admets la nécessité pour la

physique de se constituer à l'état positif, je lui reconnais le droit de ne point faire de métaphysique et d'abandonner ce qu'elle appelle dédaigneusement les « qualités occultes », mais à une condition : c'est qu'elle expliquera au lieu de constater, c'est qu'elle trouvera une cause à la pesanteur, ou du moins, ce qui revient au même, qu'elle en déterminera les antécédents.

S'il fallait en croire Auguste Comte, cette tâche serait impossible ; et, cependant, dès le xvii° siècle, Huyghens, dans son *Discours sur la cause de la gravité*, expliquait les phénomènes de pesanteur par la pression de l'éther (1), Euler, dans ses *Lettres à une princesse d'Allemagne*, ébauchait une solution du même genre ; la physique de l'impulsion précédait la physique attractionniste. Aujourd'hui, les partisans de l'impulsion sont de beaucoup les plus nombreux ; l'hypothèse physique et objective semble avoir vaincu l'hypothèse métaphysique et subjective.

Euler et les cartésiens des deux derniers siècles, ont ouvert la voie ; les savants mécanistes de notre époque sont allés plus avant, entr'autres le père Secchi ; c'est l'éther, qui est à ses yeux le véhicule de la prétendue force attractive. Comment et dans quelles conditions ? Nous aurons peut-être occasion

---

(1) *Cf.* Papillon. *Histoire de la Philosophie moderne*, p. 179.

de le développer autre part; pour le moment, bornons-nous à dire que la gravité s'explique mécaniquement comme tout autre phénomène physique, et que grâce à une hypothèse des plus ingénieuses, la théorie de l'unité des forces reçoit son complet achèvement.

Ainsi, et pour embrasser d'un rapide regard la route longue et souvent pénible qu'il nous a fallu parcourir, nous dirons :

1° L'expérience prouve que toutes les forces physiques soutiennent les unes avec les autres des rapports de qualité : corrélation qualitative de toutes les forces physiques.

2° L'expérience prouve que la chaleur et le mouvement sont deux forces équivalentes : corrélation quantitative du mouvement et de la chaleur.

3° Dans tous les cas où elle est possible, l'expérience établit que partout où l'une des espèces physiques cesse de se manifester, en tout ou en partie, quelque chose de nouveau fait son apparition.

4° Or, la force se conserve en quantité constante dans l'univers; tel est le postulat fondamental de la physique moderne, auquel la science reconnaît, au point de vue spéculatif et pratique, l'autorité d'un axiome.

5° Donc, en vertu de ce postulat, en vertu de

la corrélation « qualitative » démontrée entre toutes les forces physiques, de l'équivalence de la chaleur et du mouvement, la science se reconnaît le droit d'affirmer la « corrélation quantitative », en un mot, « l'équivalence générale » des forces.

6° Enfin, cette équivalence admise, la science fait un pas de plus et pose, à titre d'hypothèse, ou, si l'on veut, de théorie, l'unité des agents physiques ; ce n'est donc plus seulement la même quantité, mais encore la même qualité d'énergie, qui demeure constante : tout l'univers n'est que mouvement.

VI. — « Tout l'univers n'est que mouvement », cela plaît à la science de parler ainsi, cela lui semble clair, et pourtant le mouvement n'est qu'une qualité, qu'un phénomène ; donc il a sa cause, et quelle est cette cause ? — Question de métaphysique ! — D'accord. Que la science ne la résolve pas, mais qu'elle nous mette, du moins, en mesure de la résoudre.

Dirons-nous : « Le mouvement est l'acte de la force. » Mais qu'est-ce que la force ? Encore un coup, le problème ne peut être éludé.

Malheureusement, il n'est pas encore possible de bien entrevoir une solution : le problème de la force est inséparable du problème de la matière. Avant de pouvoir dire ce qu'est la force, avant d'en pénétrer l'essence métaphysique, il est indispensable de savoir si, oui ou non, elle ne fait qu'un avec la matière. La question des rapports de la matière et de la force donne lieu à trois systèmes : le premier identifie matière et force, ou plutôt réduit la matière à l'état d'apparence (1) ; le second établit entre l'un et l'autre une association indissoluble : la force est un attribut essentiel de la matière (2); le troisième constate leur union actuelle, mais paraît regarder la force comme un attribut accidentel, contingent (3) : la matière possède la force, à titre de dépôt, mais non pas à titre de propriété.

De ces trois solutions, laquelle choisirons-nous?

Aucune pour le moment ; nous n'en avons pas le droit. Nous ne savons encore rien de la structure des corps : sont-ils ou ne sont-ils pas étendus? sont-ils ou ne sont-ils pas inertes ?

La mécanique les considère comme tels ; mais, et selon les propres paroles d'Auguste Comte, « cette notion, abstraite (de l'inertie), qui n'est » qu'un simple artifice logique imaginé par l'esprit » humain pour la rendre possible, est souvent » confondue avec ce que l'on appelle fort impro-

----

(1) *Cf.* Leibniz, Boscovich, Ampère, Cauchy, et en général les monadistes.

(2) *Cf.* Le docteur Büchner, M. Moleschott, et les matérialistes.

(3) *Cf.* Descartes, le Père Secchi, et les mécanistes spiritualistes.

» prement *la loi d'inertie*, qui doit être regardée
» comme un résultat général de l'observation. En
» second lieu, le caractère de cette idée est d'ordi-
» naire tellement indécis, qu'on ne sait point exac-
» tement si cet état passif des corps est purement
» hypothétique, ou s'il représente la réalité des
» phénomènes naturels (1). »

A vrai dire, si les corps n'étaient pas inertes,
comment expliquerait-on la persistance de la force ?
On nous objectera que ce principe est admis par
la science et que la science n'élève aucun doute au
sujet de la spontanéité animale; il y a plus,
l'homme est libre et pourtant la force se conserve
en quantité constante; comment résoudre cette
antinomie ?

Ainsi, la question des rapports du mouvement
et de la matière est encore insoluble, en dépit
des progrès de la physique.

Reste le problème de l'étendue, mais ce n'est
pas un problème de physique; les changements qui
s'opèrent à la surface des corps ne permettent de
rien présumer à cet égard.

Le mieux est d'ajourner tout essai de solution,
et d'attendre les dépositions de la chimie.

____

(1) *Cours de Philosophie positive*, t. i, p. 397.

CHAPITRE VIII

LA CHIMIE MODERNE (1re PARTIE) : L'AFFINITÉ ET LES
FORCES ATTRACTIVES.

I. — Aperçu historique sur la naissance et les progrès de la chimie
moderne. Des conceptions fondamentales qui s'en dégagent, la
notion d'affinité et la notion d'atome. L'une et l'autre de ces deux
notions paraissent impliquer le dynamisme. — II. De l'affinité : Corrélation de cette force et des forces physiques ; elle produit le mouvement, la chaleur, l'électricité, la lumière, et elle est produite, selon
le cas, par l'une ou l'autre d'entre elles. Des rapports de l'affinité
avec la quantité de chaleur qui accompagne les actions chimiques.
— III. Cause de l'affinité : Critique de l'électro-chimie. L'affinité s'explique vraisemblablement par la même cause que la gravitation, la
cohésion, l'électricité, et, en général, *les forces attractives*. Retour sur
la gravitation universelle : Comment l'éther produit l'apparence de
l'attraction. De la cohésion et de l'élasticité. Conjecture sur l'origine
de l'affinité chimique. Conclusion.

CHAPITRE VIII

LA CHIMIE MODERNE (1re PARTIE) : L'AFFINITÉ ET LES FORCES ATTRACTIVES.

I. — La chimie a pour objet les actions ou changements qui affectent la structure intime des corps; c'est donc principalement à elle qu'il appartient de résoudre le problème fondamental de la philosophie naturelle, le problème de la *constitution de la matière*.

La chimie n'existe que depuis un siècle à peine. Il en est même qui vont jusqu'à dire qu'elle n'existe que depuis Lavoisier. En effet, Lavoisier est un réformateur; il a transformé la chimie, il l'a rendue « claire comme de l'algèbre », il lui a donné pour la première fois « une constitution scientifique (1).» Dominé par l'esprit d'analyse, il attache une suprême importance à la coordination des choses : trop systématiser lui semble dangereux, mais il ne

---

(1) *Cf*. F. Papillon. *Histoire de la Philosophie moderne*, t. II, p. 163.

lui paraît pas moins funeste d'entasser pêle-mêle un grand nombre d'expériences. En 1772, l'oxygène est déjà découvert, mais les conséquences de cette découverte ne sont pas encore déduites : le phlogistique de Stahl n'a rien perdu de son autorité, principe vague, non rigoureusement défini, s'adaptant à toutes sortes d'explications, « véritable Protée qui change de forme à chaque instant (1). » C'est en 1772 que Lavoisier constate l'augmentation de poids du soufre quand il brûle ; il le constate également par le phosphore. Il suppose une analogie entre ces deux faits et celui de l'augmentation de poids des chaux métalliques. Quelques années plus tard, il montre que les chaux métalliques résultent de l'oxydation des métaux, que l'air résulte de l'oxydation du charbon. En un mot, toute combustion est une oxydation ; le phlogistique est détrôné.

Lavoisier fait plus encore : il remarque un dégagement de chaleur pendant la combustion et mesure la chaleur dégagée. « Cette chaleur, dit-il,
» est la *force vive* qui résulte des mouvements
» insensibles des molécules d'un corps. Les mots
» de « chaleur libre, chaleur combinée et chaleur
» dégagée », sont synonymes de *force vive, perte*
» *de force vive* et *augmentation de force*

---

(1) Lavoisier, cité par Dumas, *Philosophie chimique*, p. 162.

» *vive* (1). » Remarque profonde dont Lavoisier paraît avoir entrevu toutes les conséquences physiques et même physiologiques : déjà la théorie dynamique de la chaleur cherche à se frayer un chemin.

Lavoisier ruine le phlogistique; il détruit pour toujours la théorie des quatre éléments et prouve qu'il existe un certain nombre de corps simples absolument irréductibles; il y a des corps simples et des corps composés; ces derniers forment quatre groupes, ou du moins la classification de Lavoisier les partage en quatre circonscriptions : les acides, les oxydes, les sels, les phosphures et sulfures, etc. Cette classification est essentiellement dualistique (2).

Le principe de la nomenclature est trouvé, mais la nomenclature n'est point faite; Guyton de Morveau se réservera cette tâche. Deux mots lui serviront pour désigner chaque composé chimique : l'un marquera le genre, l'autre marquera l'espèce (3).

La théorie dualistique reçut de Berzélius une expression nouvelle : Berzélius imagina que les corps sont formés de deux parties constituantes,

----

(1) Cité par F. Papillon. *Ibid*, p. 169-170.

(2) *Cf.* Papillon. *Loc. cit.*, p. 171.

(3) *Cf.* Würtz. *La théorie des atomes dans la conception générale du monde*, p. 13. — Paris, Masson. 1875.

« dont chacune est en possession et comme animée
» de deux fluides électriques (1). » Or, ces deux
fluides s'attirent; là est donc la cause, en vertu de
laquelle, dans tout composé chimique, les éléments
sont portés l'un vers l'autre par une attraction
réciproque; ils le sont par des fluides de nom
contraire. Ainsi par cette hypothèse, l'affinité chimique se trouve ramenée à un phénomène d'attraction électrique. Notons en passant cette conjecture ingénieuse qui nous fait entrevoir, entre
deux sciences, jusque-là distinctes, des relations
inattendues.

Voilà ce que nous enseigne l'histoire des sciences, et voici l'interprétation qui paraît s'offrir
d'elle-même à la pensée du philosophe.

Les corps de la nature ne sont point au nombre
de quatre; on peut en compter soixante et davantage. Ces soixante corps simples, réfractaires à tout
essai de décomposition, que sont-ils, sinon des
individus inorganiques ? Donc la matière du
chimiste revêt un tout autre aspect que celle du
physicien. Cette dernière se conçoit fort bien
comme une réceptivité pure, également docile à
toutes les métamorphoses; pour tout dire en un
mot, la physique traite des propriétés *de la matière* en général, et non point des propriétés *des
corps*. Là est le trait distinctif de la chimie.

____

(1) Würtz. *Ibid.*, p. 14.

Ce n'est pas tout : pour découvrir le nombre de ces individus inorganiques, il faut travailler à l'encontre de la nature et rompre une alliance qui, sans des efforts persévérants, resterait indissoluble. Longtemps, on ignora l'existence des corps simples, parce qu'on resta longtemps sans les pouvoir décomposer.

Donc les corps simples à l'état naturel, sont toujours ou presque toujours unis à d'autres ; une sorte d'*affinité* maintient cette union. Le terme affinité fait image et c'est pourtant le terme propre, scientifique.

Parler d'affinité équivaut, ce nous semble du moins, à parler de tendance, de penchant, d'inclination ; or, un des signes connus de l'individualité n'est-il pas la présence d'inclinations spéciales ? C'est précisément ce qui a lieu pour les corps simples ; ils n'ont pas tous la même affinité les uns pour les autres, ils ont leurs sympathies, leurs antipathies.

Dans ces conditions, on se demande s'il faut encore maintenir le principe d'inertie ; si les corps sont inertes, comment rendre raison de leurs « affinités électives ? »

Ce n'est pas encore tout : aux deux marques d'individualité précédentes vient s'ajouter une troisième ; les corps simples sont composés d'atomes, c'est-à-dire de particules indivisibles. Arrê-

tons-nous en présence de cette conception nouvelle, et comme tout à l'heure, laissons parler
l'histoire.

Deux chimistes, contemporains de Lavoisier,
Wenzel et Richter, avaient posé les bases de la
théorie des *équivalents;* le premier avait établi
par expérience que pour neutraliser 246 parties
d'acide nitrique, il faut 222 parties de potasse et
123 parties de chaux; que pour saturer 181 parties
d'acide sulfurique, il faut 123 parties de chaux et
222 parties de potasse; il avait donc déterminé
les parties équivalentes de chaux et de potasse
capable de saturer les acides; Richter avait conti-
nué. Wenzel avait donné les premières tables
d'équivalents (1).

La loi des « proportions définies » prenait
place dans la science; il était désormais acquis,
que si la quantité *a* du corps A, s'unit uniquement
à la quantité *b* du corps B, quelles que soient les
quantités des corps mis en présence, ces quantités
s'uniront toujours dans le rapport de *a* à *b* (2).

Au commencement de ce siècle, vers 1804,

____

(1) *Cf.* F. Papillon. *Loc. cit.*, p. 155 et 156.

(2) Voir l'*Aperçu de Philosophie chimique* de M. l'abbé Moigno, publié
à la suite du mémoire du docteur Hofmann, sur la *Force de combinaison des atomes.* Paris, Gauthier-Villars. 1868.

Dalton, professeur à Manchester, étudia la composition de deux gaz formés d'hydrogène et de charbon : le gaz des marais et le gaz oléfiant; expérience faite, il reconnut que pour une même quantité de charbon, ce dernier gaz renferme exactement moitié moins d'hydrogène que le premier (1). La loi des *proportions multiples* était découverte. En voici l'énoncé :

Lorsqu'un corps forme avec un autre plusieurs combinaisons, le poids de l'un deux étant considéré comme constant, les poids de l'autre varient suivant des rapports numériques très-simples : 1 à 2, 1 à 3, 2 à 3, 1 à 4, 1 à 5, etc... (2).

Cette belle loi des proportions multiples confirme la loi des proportions définies; mais là n'est pas son seul mérite.

En effet, si les quantités d'un corps susceptible de s'unir à une même quantité de substance sont toujours multiples les unes des autres, rien n'empêche de croire que les corps sont formés de parties indivisibles, d'*atomes*. De plus, il paraît en résulter que pour chaque espèce de corps, le poids des atomes reste invariable et que la combinaison

____

(1) Des expériences nouvelles, faites sur l'acide carbonique, l'oxyde de carbone et les composés oxygénés de l'azote, aboutirent aux mêmes résultats.

(2) *Cf.* Würtz. *Histoire des Doctrines chimiques*, p. 39. — Paris, Hachette. 1869.

est l'œuvre, non point d'une pénétration de substances, mais d'une juxtaposition de particules. Ainsi, la loi des proportions définies représentera les rapports fixes entre les poids des atomes juxtaposés ; la loi des proportions multiples indiquera le nombre variable d'atomes de la même espèce, susceptibles de s'adjoindre, soit à un, soit à plusieurs atomes d'une autre (1).

Nous insisterons plus tard sur cette grande hypothèse, mais il semble que nous en ayons déjà assez dit pour laisser entrevoir cette double conséquence : 1° les corps sont des êtres simples, ou plutôt des agrégats d'êtres simples ; 2° ils ne sont point inertes, mais on doit les considérer comme autant de siéges d'activités sourdes, lesquelles, sous l'influence de certaines conditions, passent, rapides comme l'éclair, de la puissance à l'acte, et mettent au grand jour le caractère dynamique de la matière.

S'il en était ainsi, on serait forcé de convenir qu'entre les témoignages de la physique et ceux de la chimie, il existe un désaccord sérieux ; l'une tend au mécanisme, la seconde, au contraire, inclinerait vers le dynamisme, et pourtant n'entendons-nous pas proclamer tous les jours que ces deux sciences sont sœurs, qu'elles parlent le

---

(1) *Cf.* Würtz. *Histoire des Doctrines chimiques*, p. 41.

même langage, qu'elles ont une source commune, que les phénomènes chimiques se ramènent au mouvement, etc...? Cela se dit et s'écrit partout. Il semble alors que nous ayons jugé trop vite et trop vite conclu.

II. — On a vu précédemment qu'entre les propriétés mécaniques et les propriétés physiques de la matière, il n'y a pas solution de continuité. Or, si l'interprétation essayée tout à l'heure devait résister à un examen plus attentif, il faudrait, bon gré mal gré, reconnaître que la loi de continuité, confirmée par le passage insensible de la science mécanique à la science physique, se trouve au contraire démentie lorsqu'il s'agit d'expliquer les phénomènes physiques. Voilà qui serait grave et ne laisserait pas de compromettre, au moins vis-à-vis des philosophes, l'autorité de la science. Mais qu'on se rassure : le danger n'est qu'apparent.

D'abord, l'affinité ou force chimique est corrélative des forces physiques, sans exception ; il est aisé de s'en rendre compte.

En premier lieu, l'affinité est une force motrice, témoin les effets de projection de la poudre (1). Non-seulement elle est une force motrice, mais encore, et selon les cas, elle rompt l'équilibre

____

(1) Grove. *Loc. cit.*, p. 200.

moléculaire et la chaleur se dégage. Toutes les substances chimiques, quand elles brûlent, mettent en liberté un certain nombre de calories. Ce n'est pas assez dire : l'expérience prouve qu'en déplaçant une quantité définie de platine par une quantité définie de zinc, on obtient pour résultat une quantité définie de chaleur. A ce compte, il existerait entre l'affinité chimique et la chaleur une double corrélation, qualitative et quantitative (1).

« Volta, l'antitype de Prométhée, nous a mis le
» premier en état d'établir un rapport défini entre
» les forces de la chimie et l'électricité. Lorsque
» deux métaux dissemblables en contact sont
» plongés dans un liquide appartenant à une cer-
» taine classe, et capable d'agir chimiquement l'un
» sur l'autre, il se forme ce qu'on nomme un circuit
» voltaïque, et l'action chimique engendre un mode
» particulier de force appelé un courant électrique
» qui circule du métal au métal, à travers le liquide
» et par les points de contact. (2). »

L'électricité donne naissance à la lumière, au magnétisme, au mouvement, à la chaleur. Donc, par son intermédiaire, l'affinité donne naissance à toute espèce possible de phénomène physique. Il

____

(1) *Cf.* Balfour Stewart. *Loc. cit.*, § 164-168.

(2) Grove. *Loc. cit.*, p. 201,

importe cependant de rechercher jusqu'à quel point
l'affinité peut produire « les forces physiques »
directement et sans l'intermédiaire d'aucune autre.

La production immédiate de la chaleur par l'affinité est un fait d'expérience quotidienne et qui ne
souffre pas d'exception.

On place dans une capsule de terre un morceau
de phosphore : cette capsule est portée par un fil
de fer et plonge dans un flacon de chlore, le chlore
et le phosphore se combinent et des fumées blan-
ches remplissent le flacon. Autre exemple : On
délaye de la chaux vive avec de l'eau, la masse
s'échauffe et des vapeurs se dégagent (1). La lumière
ne jaillit pas toujours, parfois cependant elle
est plus intense que la quantité de chaleur dégagée (2).

Chaleur et lumière, voilà deux forces physiques
qui, dans certains cas, naissent de l'affinité.

Enfin, le magnétisme lui-même obéit aux ordres
de cette dernière; la pile voltaïque à gaz présente
un cas fort curieux d'effet magnétique obtenu par
une synthèse d'hydrogène et d'oxygène (3).

----

(1) *Cf.* Achille Cazin. *La Chaleur*, p. 53.

(2) *Cf.* Grove. *La corrélation des forces physiques*, p. 216.

(3) « L'oxygène et l'hydrogène, dans cette disposition, se combinent
» chimiquement; mais au lieu de se combiner par un mélange molécu-
» laire intime, comme dans les cas ordinaires, ils agissent sur l'eau,

La corrélation des forces physiques et de l'affinité exige, pour n'être pas mise en doute, une démonstration nouvelle. Après avoir établi que l'affinité donne naissance à toutes les espèces physiques, recherchons dans quelle mesure et jusqu'à quel point elle en dérive à son tour.

A l'égard du mouvement, M. Grove soutient qu'il détermine l'affinité chimique, mais indirectement et par l'intermédiaire de l'électricité. Le R. P. Secchi va plus loin et conclut à l'action directe des forces mécaniques. On sait, d'ailleurs, qu'une action chimique, soumise à une forte pression, se comporte comme si elle obéissait à l'influence de la température. La pression, en effet, rapproche les molécules et produit l'équivalent d'un abaissement de température; l'affinité se trouve ainsi modifiée par une action toute mécanique. Au surplus, l'éminent astronome italien ne fait que reproduire la théorie d'un savant anglais, Clifton, lequel est porté à croire « que la pression affaiblit ou renforce

-----

  » c'est-à-dire sur l'oxygène et l'hydrogène en combinaison, placés entre
  » eux, de manière à produire une ligne d'action chimique; or, une ai-
  » guille aimantée, adjacente à cette ligne, se trouve déviée et se place à
  » angle droit avec elle. Ce que fait ici une série ou chaîne de molécules,
  » on n'en peut pas douter, toutes les molécules entrant en combinaison
  » le produiraient dans les actions chimiques ordinaires; mais, dans ce
  » cas, les directions des lignes de combinaison étant irrégulières et
  » confuses, il n'existe pas de résultante générale qui puisse affecter
  » l'aimant. »   Grove. *Loc. cit.*, p. 215.

» l'affinité chimique, selon qu'elle agit contre ou
» en faveur du changement de volume, comme si
» l'action chimique était convertie directement en
» puissance mécanique, et la force mécanique en
» action chimique, suivant des équivalents définis
» et suivant des lois générales, *sans même que*
» *nécessairement la relation s'établisse par l'in-*
» *termédiaire de la chaleur, ou de l'électri-*
» *cité* (1). »

Comme le mouvement, la chaleur produit l'action chimique; elle fait plus encore, car elle influe sur la réaction, au point d'en déterminer le sens. En effet, à certaines températures, on voit des corps en décomposer d'autres; élevez la température et les rôles s'intervertiront. Avec du fer chauffé au rouge, on décompose l'eau : l'oxyde de fer se forme et l'hydrogène se dégage. Au lieu de chauffer le métal, chauffez le métalloïde et le fer reparaît (2).

Les effets chimiques des courants se manifestent lorsque, par exemple, les pôles d'une pile au lieu d'être mis en contact sont plongés dans un vase plein d'eau. Au pôle positif se dégagent des bulles d'oxygène, au pôle négatif des bulles d'hydrogène (3).

____

(1) Clifton, cité par Secchi. *Unité des forces physiques*, p. 660.

(2) *Cf.* Secchi. *Loc. cit.*, p. 559.

(3) *Cf.* Balfour Stewart. *Loc. cit.*, § 99.

La lumière, elle aussi, est un puissant agent de composition et de décomposition chimiques. Le contact des ondes lumineuses avec les corps pesants leur communique une certaine quantité de mouvement : de là un trouble dans l'équilibre des molécules, et par conséquent dans le régime des atomes ; la décomposition s'effectue et de nouvelles combinaisons deviennent possibles (1). Comme exemple d'influence exercée par la lumière sur l'affinité chimique, on peut citer la combinaison de l'hydrogène et du chlore.

Dans l'ordre de la qualité, la corrélation des forces chimiques et des forces physiques ne saurait plus faire l'ombre d'un doute. Il reste maintenant à se demander si l'on peut établir entre elles non plus seulement une corrélation qualitative, mais encore une équivalence.

A cet égard, l'expérience n'est plus indécise : longtemps on a pu croire que l'affinité était une force rebelle à la mesure ; au fond il n'en est rien. Dulong, Petit et Neumann, ont prouvé qu'une relation de quantité constante existait entre les affinités des corps et la chaleur dégagée pendant la combinaison. D'autre part, « des expériences de » Faraday supposent qu'une quantité spécifique

---

(1) *Cf.* Secchi. *Loc. cit.*, p. 222 et 223.

» d'électricité est dégagée par une quantité donnée
» d'action chimique (1). »

Ainsi, l'affinité se mesure, mais comment? On
sait que toute combinaison amène à sa suite un dégagement de chaleur; or, d'après les théories
récentes, il semble que les affinités soient d'autant
plus énergiques que les quantités de chaleur dégagées pendant la combinaison sont plus considéra-
bles. Ceci posé, quand on aura calculé le nombre
des unités de chaleur et qu'on aura multiplié ce
nombre par 425, on aura par cela même déterminé
l'équivalent mécanique de l'affinité.

Nous avons peut-être laissé prendre au détail
des faits, une place qu'il ne comporte pas ordinai-
rement dans un travail purement philosophique ;
c'est pourtant à la clarté des expériences que les
théories se fondent et s'établissent, et leurs droits
veulent être longuement discutés. Dès le début,
la chimie nous semblait une science profondément
distincte de la physique, et par son objet, et par
les conclusions qu'elle laissait entrevoir; l'illusion
était complète, et nous avons eu à cœur de la dissiper. Maintenant la cause est entendue, la chimie
et la physique ne sont plus indépendantes l'une de
l'autre ; les phénomènes physiques sont des phénomènes de mouvement et ainsi des phénomènes

---

(1) Herbert Spencer. *Les premiers Principes*, § 66.

chimiques; combiner deux corps, c'est accomplir un travail. La mécanique des atomes, tel est l'objet de la chimie.

III. — La force chimique soutient avec les forces physiques des rapports constants; son intensité se mesure et l'on peut déterminer les lois générales qui président à ses manifestations; reste maintenant à en déterminer la cause.

A cet égard, on inclinerait à considérer la chaleur comme l'agent essentiel de toute combinaison chimique; si le degré de chaleur dégagée mesure l'énergie de la force chimique, pourquoi ne pas regarder cette dernière comme un effet de la chaleur?

On ne le peut, ou du moins, en raisonnant ainsi, on excéderait ses droits : sans doute, deux phénomènes qui s'accompagnent sont corrélatifs, mais un rapport de concomitance n'est pas un rapport de causalité. La chaleur, dit-on, est la cause de l'affinité; pourquoi ne dirait-on pas que l'affinité est la cause de la chaleur?

Il y a plus : l'électricité tout aussi bien que la chaleur se manifeste en même temps que l'affinité chimique. Berzélius et M. Becquerel ont démontré l'aptitude de l'électricité, non-seulement à faire des analyses, mais encore à opérer des synthèses (1).

____

(1) *Cf.* Auguste Comte. *Loc. cit.*, t. III, p. 128-131.

Longtemps on a pensé qu'il fallait ériger la force électrique en cause de l'affinité : tel est le sens de la théorie connue sous le nom d'*électro-chimique*, et qui n'est plus en faveur. Berzélius, de qui elle tenait sa constitution définitive, prétendait que la cohésion ne saurait comporter aucune explication électrique ; en revanche, il considérait les particules d'un corps quelconque comme autant d'éléments voltaïques ayant chacun son pôle positif et son pôle négatif, et il soutenait que là était la véritable cause de l'affinité. Mais, s'il faut en croire Auguste Comte (1), « l'affinité elle-même, c'est-à-dire la
» tendance à la combinaison, n'est pas au fond
» mieux expliquée par la théorie électro-chimique.
» Ses phénomènes électriques, en tant que physi-
» ques, sont, de leur nature, éminemment géné-
» raux ; ils ne présentent, d'un corps à un autre,
» que de simples différences d'intensité, tandis que
» les phénomènes chimiques sont, au contraire,
» essentiellement spéciaux et électifs... Mais il y a
» plus (2) : quelque solution qu'on imagine à la
» question fondamentale qui vient d'être posée,
» l'ensemble des phénomènes physiques lui oppo-
» sera des difficultés inextricables. Ainsi, par
» exemple, dans la théorie électro-chimique, on
» doit regarder avec Berzélius l'oxygène comme

----

(1) *Cours de Philosophie positive*, t. iii, p. 147.
(2) *Ibid.*, p. 149.

» l'élément le plus négatif, puisqu'il paraît l'être
» envers tous les autres; et néanmoins, certains
» oxydes, où la quantité pondérale d'oxygène est
» très-considérable, doivent être ensuite envisagés
» comme positifs envers certains acides où il est
» beaucoup moins abondant, quoique les radicaux
» des premiers soient tout aussi négatifs que ceux
» des derniers. En un mot, loin de tendre à per-
» fectionner le système de la science chimique,
» une telle théorie y introduit mal à propos de
» nouvelles difficultés fondamentales, en faisant
» naître une longue suite de questions vagues,
» obscures, insolubles même, et qui, en aucun cas,
» ne sauraient faciliter la découverte rationnelle
» des lois chimiques. »

Ainsi la corrélation des forces physiques et
chimique ne permettrait pas de chercher dans les
premières la cause de la seconde. La chimie n'est
donc pas indépendante de la physique; elle est son
associée, mais non sa vassale.

Quelle sera donc la vraie cause de l'affinité ?

Parmi les agents auxquels la physique du siècle
dernier attribuait les différentes propriétés des
corps, les uns semblaient doués de vertus répulsives, la chaleur, par exemple; les autres, de
propriétés tantôt attractives, tantôt répulsives,

ainsi le magnétisme et l'électricité; d'autres forces recevaient le nom de *forces attractives*.

Que ces forces soient distinctes les unes des autres, il ne semble plus permis de le supposer; toujours est-il que les phénomènes de chaleur sont accompagnés d'effets de répulsion, que les corps électrisés et magnétisés s'attirent ou se repoussent, toujours est-il, enfin, que parmi les propriétés de la matière, il en est trois principales qui déterminent une sorte d'attraction, la gravité, la cohésion, l'affinité chimique. Ces forces sont-elles irréductibles, ou bien ne devons-nous voir en elles que trois effets différents d'une même cause? Voilà le problème (1).

L'éther est cause de la gravité, nous l'avons déjà fait pressentir, et c'est, maintenant, ce dont il nous faut rendre compte.

L'étude des phénomènes électriques autorise à supposer que les attractions ont pour antécédent une rupture dans l'équilibre de l'éther. Or, l'éther baigne les corps, et chaque masse de matière est entourée d'une masse d'atmosphères éthérées; de là cette hypothèse, que la gravitation des astres et la pesanteur proviennent l'une et l'autre de changements survenus dans le régime des atomes impondérables.

____

(1) La gravité s'exerce entre les masses, la cohésion entre les molécules, l'affinité entre les atomes.

L'éther est un milieu composé d'atomes, l'existence du plein éthéré étant incompatible avec les lois de la lumière. Ces atomes se comportent comme s'ils étaient élastiques; mais ils ne le sont point, la notion d'atome et la notion d'élasticité se détruisant l'une l'autre. N'étant pas élastiques, d'où vient qu'ils agissent comme tels? parce qu'ils sont animés d'un double mouvement de translation et de rotation.

Ces conjectures acceptées, imaginons qu'un atome en choque un autre. Point de translation rectiligne; il vient heurter un second atome, rebondit sur un troisième, etc... Bref, le mouvement se répand autour du centre d'ébranlement, *se propage* et *se réfléchit*. Alors le milieu se dilate, et il se forme, pour ainsi dire, une sphère d'agitation dont la densité n'est point partout la même. « Admettons donc, comme démontré, qu'un » point animé d'un mouvement continu de trans- » lation et de rotation engendre autour de lui une » atmosphère de densité décroissante vers le » centre (1). »

Qu'on suppose maintenant la matière pondérable composée de *centres de mouvement* baignés dans un milieu, et en vertu de ce que l'on vient de

____

(1) Secchi. *Loc. cit.*, p. 538. — Tous ces détails sont, d'ailleurs, empruntés au chapitre II du livre IV, p. 531 à 546 de la 2ᵉ édition.

dire, chaque centre tendra à se rapprocher des autres, et tout se passera comme s'ils s'attiraient.

Appliquons ces principes à la gravitation, d'abord, et voyons ce qu'il en résulte :

1° Chaque molécule de matière, d'après l'hypothèse, est le centre d'une sphère éthérée, dont la densité augmente à mesure qu'on s'éloigne du centre; quand deux sphères se pénètrent, deux points quelconques, appartenant chacun à l'une d'elles, n'ont plus la même facilité à se déplacer dans tous les sens; cette facilité est plus grande sur la ligne qui unit les deux points, et elle détermine un rapprochement.

Or, on peut considérer une masse quelconque comme un groupe de centres. « Un corps fini quel-
» conque, une planète quelconque, étant un agré-
» gat de ces mêmes centres en nombre déterminé,
» autour de tels systèmes se forme nécessairement
» une sphère à l'intérieur de laquelle la densité de
» l'éther sera d'autant moindre que le nombre des
» centres sera plus grand. Donc la force résultante
» croîtra proportionnellement à ce que nous nom-
» mons la *masse*, et décroîtra pour chaque centre
» toujours suivant sa loi élémentaire; mais dans
» le groupe formé elle pourra varier avec la forme
» des volumes et la distribution des parties. Sup-
» posons un corps quelconque, et ce peut être

» une planète, dont les particules sont animées de
» mouvements semblables, plongé dans la sphère
» qui enveloppe un autre corps, la résultante des
» mouvements intérieurs entraîne le premier vers
» le second, suivant la droite qui va de l'un à l'au-
» tre, comme on l'a dit pour deux centres élémen-
» taires, parce que le long de cette ligne se trouve
» la moindre résistance au déplacement des deux
» corps. Ainsi la gravité est réduite en quelque
» sorte à un effet de pression statique, *mais ce
» jeu de pression reconnaît lui-même pour
» cause le mouvement* (1). »

2° L'attraction moléculaire homogène qui n'est
autre que la *cohésion*, reçoit une explication analogue. Chaque molécule est entourée d'une sphère,
ou, pour parler comme le R. P. Secchi, d'un « tour-
billon » d'atomes éthérés. Lorsque les molécules
tournent sur elles-mêmes, elles entraînent à leur
suite une atmosphère d'atomes impondérables
animés d'un mouvement rotatoire. Le rayon des
atmosphères est variable. Tant que ces atmosphères ne se touchent pas, les molécules demeurent
écartées les unes des autres; quand elles se rencontrent, la cohésion se produit (2).

---

(1) Secchi. *Loc. cit.*, p. 575 et 578.

(2) *Cf.* Salgey. *La Philosophie moderne.* — Secchi. *Loc. cit.*, p. 546 et
suiv.

Chaque molécule de matière aurait donc sa sphère d'attraction ou d'activité constituée par l'éther enveloppant. Or, il est d'expérience que les molécules peuvent subir un déplacement et reprendre leurs positions primitives, lorsque la cause qui les déplaçait vient à cesser d'agir; tel est le phénomène connu sous le nom d'*élasticité*. Pour en rendre compte, il est permis d'admettre qu'une molécule peut se mouvoir sans sortir de sa sphère d'attraction; cela expliquerait en même temps pourquoi l'élasticité a des limites (1).

3° L'action chimique s'exerce entre des groupes de molécules hétérogènes. Quand les molécules sont homogènes, les atmosphères qui les entourent le sont aussi; au contraire, des atomes d'espèce différente sont environnés d'atmosphères inégales. Or, il est un fait d'expérience, c'est que deux corps qui n'ont point la même vitesse et qui s'entrechoquent, tendent toujours à prendre une vitesse commune; aussitôt les atmosphères se fondent et les atomes hétérogènes se groupent les uns vis-à-vis des autres suivant une certaine loi.

Cette conjecture (2) n'a pas le seul mérite de fournir une explication mécanique de l'affinité;

---

(1) *Cf.* Secchi. *Loc. cit.*, p. 221 et 553.

(2) *Cf.* Secchi. *Loc. cit.*, p. 557.

elle réussit également bien à rendre compte d'anomalies apparentes auxquelles nous avons déjà fait allusion. Ainsi la température, quand elle varie, modifie le sens d'une réaction chimique ; cela tient précisément à l'action qu'elle exerce sur l'état des atmosphères. Plus il y a de différence dans ces atmosphères, plus l'affinité est grande ; mais la température intervenant, cette différence diminue et l'affinité perd de son énergie. Si les variations de température persistent, la valeur relative des atmosphères peut même être renversée (1).

Ainsi, l'affinité est une force corrélative des forces physiques, elle soutient avec elles des rapports d'équivalence ; l'affinité est une force dont l'énergie se mesure au moins indirectement ; l'affinité est une force qui prend sa source dans les mouvements de l'éther et qui est homogène aux autres forces dites « attractives », telles que la cohésion et la gravité ; voilà où en est la science contemporaine. A ce compte, la chimie n'est plus ce qu'elle était autrefois, une science autonome, pour ainsi parler, et alors, l'affinité proprement dite n'existe pas, et le terme affinité n'est plus qu'une métaphore.

____

(1) Salgey. *Loc. cit.*, p. 185.

CHAPITRE IX

LA CHIMIE MODERNE (2° PARTIE) : LA THÉORIE ATOMIQUE
ET L'ATOME.

I. De la théorie atomique. Aperçu historique sur ses origines et ses
développements : l'atomicité, la théorie des substitutions, la théorie
des types; classification des métalloïdes fondée sur la capacité de
fixation des atomes. — II. De la théorie atomique dans ses rapports
avec la physique : l'atome d'éther et la molécule pondérable ; la molécule pondérable et l'atome chimique. De l'hypothèse d'une matière
unique constituée tantôt par des atomes d'éther libres, tantôt par des
agrégats de ces atomes. — III. Nature et essence de l'atome : Opinion
de MM. Gaudin, Hofmann, Tyndall, Thomson, Hirn, Laugel, Saigey et
Secchi : l'atome est une molécule insécable. L'atome est étendu : il a
ses dimensions. — IV. L'atome et le vide : avantages de la théorie
du discontinu et du vide sur le système du plein et du continu. — V. Conclusion générale : abus du mot *force* dans les
sciences physico-chimiques ; caractère mécaniste de ces dernières.
Toutefois, le mécanisme de la science positive n'implique nullement
la défaite du dynamisme sur le terrain de la métaphysique. La raison
est dynamiste et ne peut renoncer à ses exigences : la question n'est
donc point de savoir qui des deux a raison du mécanisme ou du dynamisme, mais bien ce qu'il est permis de préjuger des caractères
possibles de la force dans le règne inorganique en face d'une science
positive qui ne lui fait nullement sa part.

CHAPITRE IX

LA CHIMIE MODERNE (2° PARTIE) : LA THÉORIE ATOMIQUE
ET L'ATOME.

La notion d'affinité vient se résoudre dans celle du mouvement; cette prétendue « force chimique » est l'effet du mouvement des atomes. Mais qu'est-ce que l'atome? Est-il une particule insécable, ou une monade simple et inétendue? La question est encore pendante, et de la solution qu'elle recevra dépend le sort de la philosophie naturelle.

I. — L'atomisme moderne n'est point comme la doctrine de Leucippe une conjecture métaphysique fondée sur des arguments *a priori*. C'est une hypothèse physique fondée sur une loi, laquelle n'est après tout que l'expression abrégée d'un fait constant. En vertu de cette loi, quand un volume d'un corps s'unit successivement à plusieurs volumes d'un autre corps, les poids de ces volumes sont reconnus être des multiples les uns des autres.

Ainsi, par exemple, une même quantité de carbone est susceptible de former avec l'hydrogène deux combinaisons, et la deuxième de ces combinaisons renferme exactement deux fois plus d'hydrogène que la première. Telle est la première expérience qui vint imprimer au génie de Dalton une direction nouvelle et de laquelle devaient successivement se dégager la loi des proportions multiples et la doctrine des atomes.

Voici deux formules chimiques AzO, AzO^2 : que signifient-elles ? qu'à une même quantité d'azote peuvent s'unir deux quantités d'oxygène dont l'une est exactement le double de l'autre. Donc, en se plaçant sur le terrain de la chimie, on peut considérer la quantité désignée par O comme « un indivisible chimique, » la quantité représentée par O^2 étant la somme de deux de ces indivisibles. Le même fait peut recevoir une expression symbolique et rien n'empêche de dire qu'un « atome d'azote » s'unit à un, deux ou trois « atomes d'oxygène. » Telle est la base de la théorie atomistique.

Auguste Comte, l'ennemi des hypothèses, n'hésite pas à lui faire bon accueil; le principe de la doctrine lui paraît être en harmonie avec l'ensemble des notions scientifiques de tous genres et se réduire presque « à une heureuse généralisation » directe des idées spontanément familières à tous

» les esprits qui cultivent les diverses parties de
» la philosophie naturelle (1). »

On n'est donc pas en face d'une conjecture
métaphysique plus ou moins séduisante, comme
pouvait l'être, aux yeux des anciens, l'atomisme de
Leucippe ; l'idée de Dalton est la traduction exacte
d'un fait ; elle est claire, elle est féconde.

On sait qu'elle permit à Berzélius de donner à
la théorie électro-chimique une expression nouvelle et en même temps assez précise ; les atomes
furent comparés à de petits aimants, et les combinaisons chimiques expliquées par des combinaisons de fluides. A ce moment, la doctrine dualistique put croire son avenir assuré.

Il n'en était rien cependant. Cette doctrine
s'appliquait mal à la chimie organique, et ne
rendait point compte du grand nombre de corps
répandus dans les organes des plantes, et qui sont
constitués par un petit nombre d'éléments, le
carbone, l'hydrogène, l'oxygène, l'azote. Dira-t-on
que ces corps diffèrent par leur composition générale (2) ? Cela est impossible, l'expérience ne le
permet pas.

Fort heureusement, les idées chères à Berzélius
ont perdu de leur autorité ; au moment où nous

---

(1) *Cours de Philosophie positive*, t. III, p. 100.

(2) *Cf.* Wurtz. *La théorie des atomes*, etc..., p. 20.

écrivons, elles ne rencontrent pour ainsi dire plus d'adeptes ; la « chimie moderne » est née.

La chimie moderne repose presque tout entière sur l'*atomicité*. On appelle ainsi la *capacité de fixation des atomes,* ou, pour mieux dire, leur *puissance de combinaison.* M. Hofmann, auquel j'emprunte ces termes (2), imagine des boules sur lesquelles sont vissés un certain nombre de « bras creux ou pleins (tubes ou pointes) » qui correspondent au pouvoir de combinaison des atomes et permettent ainsi de se représenter ce qu'un de nos illustres compatriotes, M. Dumas, appelle les « édifices moléculaires. » Ceci posé, pour traduire en un langage symbolique la théorie contemporaine, nous dirons que certains atomes ont un bras, d'autres deux, d'autres trois, d'autres quatre, d'autres davantage. La science les appelle *monatomiques, biatomiques, triatomiques,* etc...., *polyatomiques.* En soudant un atome de chlore à un atome d'hydrogène, on réalise une molécule d'acide chlorhydrique ; le chlore est monatomique : « il n'a qu'un bras », dirait M. Hofmann ; l'oxygène en a deux, l'azote trois, le carbone quatre ; mais, tandis que les atomes des trois premières espèces

____

(2) Voir son intéressante leçon sur la *Force de combinaison des atomes,* p. 26 et suiv., traduite par M. l'abbé Moigno. — Paris, Gauthier-Villars. 1868.

ne peuvent s'unir qu'à des atomes hétérogènes, les atomes de carbone s'associent les uns aux autres; c'est là ce qui explique le mystère de la chimie organique, et permet aisément d'entrevoir d'où vient qu'avec un aussi petit nombre d'éléments, la nature donne naissance à une variété infinie de composés (1).

La théorie de l'atomicité ruine à tout jamais la chimie dualistique : les corps ne s'associent plus deux à deux comme on le supposait au temps de

---

(1) Il ne faut pas confondre la capacité de fixation des atomes avec l'affinité; ces deux propriétés sont indépendantes l'une de l'autre ; le chlore se soude ou plutôt s'unit à l'hydrogène atome par atome, et pourtant l'affinité qui existe entre ces deux corps est des plus puissantes. Les atomicités différentes des substances chimiques ont vraisemblablement leur source dans les configurations de leurs atomes. « Vraisemblablement », c'est peut-être beaucoup dire; toutefois, l'hypothèse est plausible, et c'est celle qui la première s'offre à l'esprit.

A quoi tient alors l'affinité? L'explication proposée dans le chapitre précédent, et que nous avons empruntée au R. P. Secchi, est fondée sur l'inégalité des atmosphères éthérées qui entourent les atomes hétérogènes. Mais, l'hétérogénéité des atomes, à quoi tient-elle? à leur forme, à leur configuration? S'il en est ainsi, des relations précises doivent exister entre l'atomicité et l'affinité.

« L'énergie avec laquelle un corps se combine à un autre corps, dit M. Würtz, est indépendante de la faculté qu'il possède d'attirer ce dernier. » Cela est possible, mais, il resterait à savoir à quelles propriétés des atomes correspond l'énergie de leurs affinités respectives. Les idées du R. P. Secchi pourraient-elles se concilier avec les théories de M. Würtz?... On le voit, l'introduction dans la science chimique de la notion d'atomicité nécessiterait, à notre sens du moins, de nouvelles recherches sur les causes de l'affinité.

Berzélius ; chaque molécule n'est plus un couple, elle est « un tout », elle *simule* un organisme (1).

La théorie de l'atomicité fait plus encore : elle introduit dans la science chimique un nouveau principe de classification. On range aujourd'hui les corps par *types* et ces « types » représentent diverses formes de combinaison en rapport avec la capacité de fixation des atomes. Ainsi, par exemple, M. Dumas range les métalloïdes en trois familles : les premiers s'unissent à l'hydrogène, atome par atome ; un atome des seconds s'attache deux atomes d'hydrogène ; ceux de la troisième famille sont des corps triatomiques, ainsi l'azote. L'acide chlorhydrique est le type de la première classe, l'eau est le type de la seconde, l'azote est le type de la troisième.

Nous en avons assez dit pour mettre dans tout son jour la fécondité de l'hypothèse de Dalton au seul point de vue de la science chimique ; demandons-nous maintenant si la même hypothèse ne viendrait pas jeter sur les problèmes de synthèse générale première des clartés inattendues (2).

____

(1) Elle simule un organisme, mais *elle n'est pas* un organisme : les éléments des organismes eux-mêmes sont des organes. Il n'en est pas ainsi des atomes.

(2) Si nous avons insisté sur les conséquences chimiques de la théorie atomistique, c'est pour donner à la philosophie des sciences le droit de s'en emparer. Une hypothèse, que justifieraient seulement des

II. — On peut, sans faire appel au chimiste, se représenter la matière pondérable comme étant discontinue. Dans l'espace occupé par un corps, il existe un assez grand nombre d'intervalles vides ou de *pores*; les corps sont composés de *molécules*.

C'est seulement quand on passe de la physique à la chimie que l'atome et la molécule se distinguent; le premier devient élément par rapport à l'autre. Mais, qu'on le remarque bien, la notion de molécule et la notion d'atome sont deux notions congénères : la molécule est un indivisible physique; l'atome est un indivisible chimique; celui-ci est à la molécule ce que la molécule est à la masse. Donc, une fois la conception de molécule entrée dans l'esprit, celle d'atome ne tarde pas à y prendre place.

La théorie atomique confirme les présomptions du physicien; loin de détruire ses idées sur la constitution de la matière, elle les éclaire et les précise, nouvelle preuve de sa fécondité.

Si l'on examine les poids équivalents comparatifs des diverses substances chimiques, on trouve

raisons philosophiques, serait dépourvue d'autorité. Le jour où les phénomènes lumineux parviendraient à s'expliquer sans l'éther, le fluide impondérable disparaîtrait de la science, et alors, adieu les hypothèses, dont nous avons parlé dans le précédent chapitre, sur l'origine des forces attractives.

que ces poids équivalents sont des multiples du
poids équivalent de l'hydrogène. La densité de ce
métalloïde est pour ainsi dire insignifiante; on sait
d'autre part, que l'éther est impondérable, ou du
moins que sa densité est à peu près nulle. Dans
ces conditions, rien n'empêche d'imaginer d'étroites
relations entre l'atome d'éther et l'atome d'hydrogène. Celui-ci ne serait-il pas un atome d'éther en
voie de transformation? Et si l'on veut généraliser,
la matière pondérable ne serait-elle pas du même
genre que la matière subtile? Tout à l'heure, on a
plaidé en faveur de l'unité des forces physiques;
le moment ne serait-il pas venu de plaider en faveur
de l'unité de la matière (1)? Les deux théories se
feraient pour ainsi dire pendant, et se compléte-
raient l'une par l'autre. « Si les plus petites parties
» que nous puissions concevoir et distinguer dans
» les corps ne diffèrent les unes des autres que par
» la nature des mouvements auxquels elles sont
» soumises, si le mouvement seul règle et déter-
» mine la variété des attributs divers qui caracté-
» risent ces atomes; si, en un mot, l'unité de ma-
» tière existe, *et il faut qu'elle existe*, qu'est-ce
» que cette matière fondamentale et première d'où
» procèdent toutes les autres? Comment nous la
» représenter? Tout porte à croire qu'elle ne se

____

(1) *Cf.* Le R. P. Secchi. *Loc. cit.* p. 518.

» distingue pas essentiellement de l'éther, qu'elle
» consiste en atomes d'éther plus ou moins forte-
» ment agrégés (1). »

Ainsi, constitution atomique de la matière,
existence d'un éther impondérable, explication
mécanique de tous les phénomènes inorganiques
sans exception, voilà trois conceptions scientifiques
distinctes quant à leur objet, mais entre lesquelles
on ne saurait méconnaître un parfait enchaînement. Cet enchaînement devait être mis en lumière,
ne fût-ce que pour montrer combien la doctrine
des atomes, loin d'être une conjecture isolée, capable de servir aux seuls faits qui lui ont donné
naissance, est une hypothèse doublement féconde,
et par les conceptions qu'elle enfante et par l'appui
qu'elle prête aux théories nées en dehors d'elle.

III. — Ce n'est point assez de savoir qu'il existe
des *atomes*, il reste encore à se demander ce qu'il
faut entendre par « atome. »

L'idée d'atome est équivoque : tantôt elle est
synonyme de *corps insécable*, tantôt elle paraît signifier un être absolument indivisible et
simple. Entre les deux sens il faut choisir, et selon
qu'on aura choisi, le mécanisme aura gain de
cause ou le dynamisme se trouvera confirmé.

____

(1) Fernand Papillon. *La constitution de la matière et le nouveau dynamisme*, page 13 du volume intitulé : *La Nature et la Vie.*

A ne consulter que les plus illustres représentants de la science contemporaine, l'atome chimique serait une particule infinitésimale, ayant son volume, ses dimensions, sa forme ; certains atomes auraient la forme de sphères, d'ellipsoïdes, de pyramides, de cubes, d'autres la forme de trièdres ou de tétraèdres. Il y a plus : au moyen des formules chimiques, on se représente aisément l'architecture d'une molécule, et si l'on admet la nécessité pour chacune d'elles de constituer un système d'atomes en équilibres, on peut, l'imagination aidant, se donner le plaisir de contempler ces édifices vraiment merveilleux. M. Gaudin s'est complu dans cet ingénieux travail (1). A l'entendre, les atomes d'aujourd'hui seraient quelque peu les descendants des atomes d'autrefois. Démocrite aurait touché juste, et la physique du *De Natura Rerum*, toute démodée qu'elle nous semble, serait inspirée par une vue de génie.

M. Würtz tient le même langage : pour expliquer la loi des proportions multiples, Dalton aurait évoqué « les corpuscules de la physique épicurienne. »

« Il existe, dit M. Tyndall, dans l'atmosphère » des parcelles matérielles qui échappent au mi- » croscope et à la balance, qui n'obscurcissent pas

____

(1) Voir son *Architecture du monde des atomes*. Paris, O. Villars. 1873.

» l'air et s'y trouvent néanmoins en si grande
» multitude, que l'hyperbole israélite du nombre
» des grains de sable de la mer devient insigni-
» fiante en comparaison. » M. Tyndall ajoute que
si on les condensait, on les ferait tenir toutes dans
une valise de dame (1).

M. Thomson a calculé la distance moyenne des
centres de deux atomes contigus dans les liquides
et les solides transparents ; cette distance serait
comprise entre un dix-millionième et un deux cent
millionième de millimètre (2). M. Gaudin est arrivé
aux mêmes résultats : il pense que la distance
approximative maximum qui sépare deux atomes,
est de un dix-millionième de millimètre ; puis, pour
nous donner une idée du nombre d'atomes métalliques contenus dans une tête d'épingle, il imagine
que ce nombre, pour être évalué, exigerait que
l'on comptât pendant plus de deux cent cinquante
mille années, en détachant chaque seconde par la
pensée un milliard (3).

« M. Thomson, écrit Fernand Papillon, pense
» que la comparaison suivante peut servir à
» apprécier les dimensions des atomes. Si l'on se
» figure une sphère du volume d'un pois grossie

______

(1) Cité par Papillon. *Cf. La nature et la vie*, p. 6.

(2) *Cf. Ibid.* p. 8.

(3) Gaudin. *Architecture du Monde des atomes.* p. 9.

» presque à égaler le volume de la terre, et les
» atomes de cette sphère grossis dans la même
» proportion, ceux-ci auront alors un diamètre
» supérieur à celui d'un grain de plomb et infé-
» rieur à celui d'une orange (1). »

D'après ces témoignages puisés à des sources différentes, l'atome serait une particule indivisible, *un corps en miniature*, selon l'ingénieuse expression de M. Cournot (2). Il formerait à lui seul une sorte de « tout continu », à dimensions finies, quoique inappréciables à nos instruments de mesure; il posséderait donc, à titre d'attributs essentiels, l'impénétrabilité et l'étendue. Ni M. Würtz ni M. Gaudin ne l'ont dit en propres termes, mais telle nous paraît être, et sans équivoque possible, leur manière de penser.

M. Hirn s'est exprimé d'une façon plus catégorique. A ses yeux, « l'élément matière » est constitué par des atomes finis, très-petits, *mais non infiniment petits*. Le volume apparent d'un corps n'est autre chose que la somme des *volumes immuables* des atomes, plus ceux de leurs intervalles. Enfin, l'existence de « l'atome matériel fini et indivisible », est aujourd'hui (c'est toujours M. Hirn qui parle), un fait aussi bien démontré

---

(1) *La Nature et la Vie*, p. 8 et 9.

(2) *Cf. Traité de l'enchaînement des idées fondamentales.* § 158.

qu'aucun de ceux que l'homme de science accepte pour ainsi dire comme des axiomes (1).

Un autre écrivain, M. Auguste Laugel, prétend que l'atome est simple et indivisible; il n'a pas de parties; est-ce à dire qu'il n'ait point de dimensions? Nullement. L'atome a ses dimensions, son volume déterminés; on l'appelle indivisible parce qu'il est censé opposer à la division « une résistance infinie (2). » Les termes sont équivoques; comment comprendre qu'un atome n'ait point de parties et ne cesse point malgré cela d'avoir des dimensions? Mais n'importe, on voit ce que M. Laugel entend par indivisible; indivisible signifie *insécable*.

L'auteur du beau livre sur la *Physique moderne*, auquel nous avons fait nombre d'emprunts (3), rapproche l'atomisme contemporain du système défendu par Leucippe, et chanté par Lucrèce. Selon le philosophe et le poëte, les éléments premiers des corps auraient des dimensions tout à la fois infinitésimales et réelles.

Aux yeux du Père Secchi la matière est formée « de volumes discontinus » et cela, aussi éloigné

----

(1) *Cf.* G. Hirn. *Conséquences philosophiques et métaphysiques de la thermodynamie*, p. 221. — Paris, G. Villars, 1868.

(2) *Cf. Les problèmes de la Nature*, p. 144. Edit. in-12. — Paris, O. Baillière, 1864.

(3) M. Saigey, *loc. cit.*, p. 28.

qu'on suppose le dernier terme de son atténuation. Il se peut que ces volumes soient physiquement divisibles, toujours est-il que, pour nos moyens d'action, ils sont tout-à-fait insécables (1).

De tous ces témoignages, il résulte :

1° Que les masses matérielles sont des agrégats de molécules ;

2° Que les molécules se résolvent en atomes ;

3° Que ces atomes, en supposant qu'on les puisse diviser à nouveau, donnent naissance à d'autres atomes, comme eux inertes, comme eux impénétrables, comme eux étendus. On l'a déjà vu, l'atome et la molécule sont du même genre, à cette différence près que la molécule est parfois composée d'éléments hétérogènes et que la substance de l'atome est partout identique à elle-même.

IV. — La conception des atomes marque un progrès dans la philosophie naturelle. En effet, les partisans du continu, Descartes entr'autres et jusqu'à un certain point Leibniz, se sont heurtés tous deux à un écueil redoutable, l'écueil de l'infini. « Je crois, disait Leibniz, qu'il n'y a aucune partie » de la matière qui ne soit, je ne dis pas divisible, » mais actuellement divisée, et, par conséquent, la

____

(1) *Cf. L'unité des forces physiques*, p. 518 et 519.

» moindre particelle doit être considérée comme
» un monde plein d'une infinité de créatures diffé-
» rentes (1). » Il ne concevait d'indivisible physique
que par miracle, et par conséquent il réalisait la
chimère du nombre actuellement infini. L'atome
de la chimie moderne échappe-t-il à cette contradiction? c'est ce que nous examinerons plus tard.
Toujours est-il qu'en fait, le nombre des éléments
indivis de la matière est un nombre donné.
Peut-être l'atome chimique recèle une multiplicité
d'éléments insécables; peut-être il contient un
monde en miniature, une pluralité indéfinie d'atomes éthérés; mais que dire de l'atome d'éther, et
comment le concevoir, sinon à la manière d'un
véritable individu ?

Autre progrès : les atomistes de l'antiquité con-
sidéraient deux éléments comme nécessaires à la
formation du monde : un élément positif, l'atome,
un élément négatif, *le vide*. L'idée de particule
implique en effet l'idée d'interstice; la matière est
poreuse et l'atome d'éther se glisse entre ses pores.
Mais entre deux atomes d'éther, quelle matière
comble l'intervalle? Aucune, ou du moins on
ignore s'il existe un troisième genre de matière et
quel il peut être. D'ailleurs, tout porte à croire
que les atomes éthérés ont une forme sphérique.

____

(1) Leibniz. *Lettre à Foucher.* Dutens, t. ii, p. 243.

Donc, en admettant qu'ils se touchent, on ne peut admettre qu'ils adhèrent les uns aux autres dans toute l'étendue de leurs surfaces. Le vide est forcé. Là encore Démocrite avait bien déduit.

La conception du vide est-elle préférable à la conception du plein? Descartes, Leibniz, soutiennent l'existence du plein et du continu ; la science moderne refuse de les suivre et elle a raison. En effet, si l'éther est un fluide en mouvement, il faudrait, pour que son mouvement eût lieu dans le plein absolu, que la partie déplacée poussât devant elle la plus voisine, et ainsi de suite à l'infini ; mais comment se produirait le mouvement des parties restées à l'arrière-garde (1) ?

Dira-t-on avec Descartes que le mouvement se produit et se termine circulairement, suivant de certains anneaux fermés et de telle sorte que les premières parties déplacées ne se meuvent ni avant celles qui les précèdent, ni avant celles qui les suivent? Hypothèse inadmissible, car le mouvement ne pourra commencer ; un corps plongé n'occupe jamais une nouvelle place dans son milieu avant

____

(1) On trouvera une très-intéressante discussion de ce problème dans le chapitre XIV de *La Philosophie spiritualiste de la Nature*, par M. Th.-Henri Martin. Paris, Dezobry, 1849, — et dans le troisième *Essai* de M. Renouvier, p. 22 et 23. Paris, Ladrange, 1854.

que cette place lui soit faite, et que par conséquent
il ait laissé derrière lui quelque espace libre (1).

Non-seulement le vide est une suite de l'atomisme, mais de plus il est une conséquence du fait
même du mouvement. Si l'on considère, en outre,
que le système du vide est le seul capable de concilier le déterminisme de la nature avec l'autonomie
de la volonté, les raisons qui plaident en sa faveur
en recevront une autorité décisive.

En vain l'on nous objectera que la représentation du vide est impossible, qu'elle répugne à
l'imagination, à l'entendement. Tout au contraire,
l'hypothèse du plein n'est admissible qu'associée à
l'hypothèse du continu, et même, si l'on y prend
garde, les deux hypothèses n'en font qu'une. Or,
avec le continu, nous retombons dans l'infini
actuel; donc le *plein* est impossible.

V. — L'atome et le mouvement, voilà les
facteurs premiers du monde inorganique : ainsi
parle la science, et, quand elle tient ce langage,
elle répète Descartes en donnant au principe de sa
physique une base plus ferme, une expression
plus exacte et plus précise. L'*atome* et le *mouvement*, rien que cela ? Mais encore un coup, pas
de mouvement sans force! Où réside la force?

____

(1) *Cf.* Renouvier, *Les Principes de la Nature,* 3ᵉ essai, p. 34,

Qu'est-elle? Comment se conçoit-elle? La science devrait nous l'apprendre. Quand on prononce aussi souvent le terme force, quand, au lieu de le laisser où il a pris naissance, dans le vocabulaire de la mécanique rationnelle, on l'introduit dans la langue du physicien ou du chimiste, c'est apparemment qu'on sait ce que ce mot veut dire, qu'on connaît ce qu'il désigne, qu'on possède enfin la clef de cette mystérieuse énigme jusqu'à présent indéchiffrable?

Point du tout. La vraie science, la science positive ferme la porte aux entités de la scolastique, aux entéléchies de la métaphysique péripatéticienne et leibnizienne ; les forces dont elles parlent ne sont plus regardées comme des « qualités occultes de la matière »; elles sont *de purs effets du mouvement* (1).

Que signifie, par exemple, le terme « forces physiques »? Ce terme peut avoir deux sens : d'abord il sera synonyme d'agent, de cause, puis il signifiera effet mécanique, capacité de travail. En ce sens il sera vrai de dire que l'affinité, que l'électricité, la lumière, la chaleur sont des forces, parce que les unes et les autres produisent des effets mécaniques. D'autre part, les effets méca-

---

(1) *Cf.* Le R. P. Secchi. L'*Unité des forces physiques*, préface de la première édition.

niques dus à l'action de ces forces ont eux-mêmes
pour antécédents des mouvements; la chaleur, qui
est un mouvement, produit l'électricité, qui, elle
aussi, est un mouvement. Donc, il sera permis de
considérer les forces physiques et comme des effets
du mouvement et comme des causes de mouvement.

En vain presserons-nous la science et la som-
merons-nous de nous apprendre quelle est la
cause du mouvement. Elle répondra qu'un mouvement est toujours précédé d'un mouvement et
suivi d'un autre mouvement; donc, le mouvement
est le phénomène ultime au-delà duquel il est
interdit de regarder. Pour la science positive, le
mouvement, c'est la force en acte; la force, c'est le
mouvement en puissance. L'un sans l'autre est
inconcevable; aussi le terme force est-il de trop
dans son vocabulaire.

Ainsi s'expliquent les nombreuses équivoques
auxquelles condamne ceux qui ne savent point y
prendre garde, un langage resté métaphorique;
ainsi se répandent un grand nombre d'erreurs,
idoles de forum, dans le principe, plus tard, idoles
de théâtre. A première vue, c'est le dynamisme que
la science prêche. Regardez-y de plus près : c'est
le mécanisme qu'elle vante et qu'elle défend; du
dynamisme il ne reste plus que le masque.

S'il fallait en douter encore, le témoignage

d'un savant mathématicien, profond philosophe, M. Cournot, dissiperait toute incertitude. L'atomisme et le dynamisme lui paraissent deux systèmes contrastants : « L'atomisme pur supprime » l'idée de force comme superflue dans l'explica- » tion des phénomènes, n'admet que des corps » dont les vitesses et les mouvements sont soumis » à des lois, et ne pouvant attribuer aux corps qui » tombent sous nos sens l'impénétrabilité, sans » laquelle nous n'imaginons plus comment le corps » se distinguerait de l'espace au sein duquel il est » placé, il faut bien reporter cet attribut sur des » corpuscules qui échappent aux sens, c'est-à-dire » sur des atomes. Cet atomisme pur est l'atomisme » ancien qui s'étend pour nous, depuis Démocrite » jusqu'à Gassendi et à Descartes inclusivement; » c'est celui dans lequel Leibniz *donnait* encore, » *quand il était petit garçon.* Les atomes s'ac- » crochent, se rencontrent, s'entraînent; tout cela » peut se comprendre physiquement, sans que » nous fassions intervenir la notion de force... (1) »

____

(1) Cournot. *Traité de l'enchaînement des idées fondamentales*, § 107. Il paraîtra étrange à plus d'un de ranger Descartes au nombre des atomistes ; c'est pourtant la tendance des savants contemporains, qui ont écrit sur la physique cartésienne. Fernand Papillon est de ce nombre. (Voir le tome premier de son *Histoire de la Philosophie moderne.*) Descartes répudie les atomes, au sens étymologique du mot, disons mieux, au sens leibnizien; il ne veut point de monade, mais il admet des « particules

Ajoutons que cet atomisme est celui dans lequel donnent M. de Boucheporn, le R. P. Secchi, MM. Tyndall et Gaudin, MM. Saigey et Laugel, M. Hirn, etc...; en un mot, les hommes qui sont la gloire de la science contemporaine, et leurs disciples distingués.

Toutefois, avant d'enregistrer la déchéance du dynamisme, nous devons ne pas oublier notre dessein primitif. Nous nous sommes adressé à la science pour apprendre d'elle dans quelle mesure elle se montre favorable aux conceptions dynamiques; or la science plaide le mécanisme. Mais la science qui plaide ainsi est une science qui parle d'après elle, et d'après elle seule, comme si les témoignages de l'observation externe ne devaient point subir le contrôle de l'entendement.

Ces réserves faites, les assertions de la science nous paraissent devoir se résumer comme il suit :

1° La matière est impénétrable, étendue, mobile; l'étendue mise à part, tout en elle prend sa source dans le mouvement;

2° La matière est le sujet d'un mouvement qui n'a point de relâche; toutefois, elle n'en mérite pas

---

de matière », *idéalement divisibles* à l'infini; ces particules tiennent lieu d'atomes. Il est vrai que Descartes est partisan du plein; en cela son « atomisme » serait inconséquent.

moins d'être considérée comme inerte. En fait de mouvement, l'atome n'en possède qu'autant qu'il lui en a été donné; il n'en communique qu'autant qu'il en a reçu. Le mouvement qui l'anime est, pour ainsi parler, de seconde main; autrement, que signifierait la loi de la conservation de la force? On ne conserve jamais intact que ce dont on est le dépositaire, non le vrai possesseur.

Ceci posé, et comme nous l'avons déjà dit au chapitre septième, trois solutions s'offrent à l'esprit du philosophe; leurs droits sont à peu près les mêmes.

L'une accepte l'étendue et réduit cette étendue au rôle d'apparence; derrière ce voile sensible elle cache la force, seul être réel, d'essence simple, toujours en action. C'est le dynamisme, c'est le système des monades. Les savants d'aujourd'hui, oublieux d'Ampère, de Cauchy, de Faraday, l'accueillent le sourire sur les lèvres; mais ils ne peuvent lui fermer la porte. Les dynamistes respectent la science positive et savent rester d'accord avec les faits.

L'autre système, émanation directe de la science positive, dont il est l'extension, je dirai presque la contrefaçon, pose l'union de la matière et de la force : point de matière sans force, point de force sans matière; l'un et l'autre sont consubstantiels. L'étendue sans la force est une abstraction pure, la

force séparée de l'étendue n'est qu'un mot vide de
sens. Cette doctrine a pour défenseurs MM. Moleschott, Büchner, Carl Vogt, etc. Deux principes la
résument : 1° union nécessaire et indissoluble de la
matière et de la force ; 2° *immortalité* de l'une et
de l'autre (1). J'ignore quelle est l'attitude de la
nouvelle école en face de la métaphysique. Pourtant, à certains indices, on serait tenté de croire
qu'elle entend la proscrire. Au fond, il n'en est
rien. Tandis que la science affirme l'existence de
l'atome, l'union *actuelle* du mouvement et de la
matière, le matérialisme allemand érige cette union
en une sorte de consubstantialité. Il ne se contente
point de dire : la matière et la force se conservent ;
il ajoute qu'elles sont immortelles et qu'elles le sont
nécessairement. Ce système, s'il fallait lui donner
un nom, s'appellerait fort bien le « pseudo-dyna-
misme. » Issu de la science positive, dont il dépasse
les horizons, et derrière laquelle il s'abrite, le matérialisme contemporain n'a rien à craindre d'elle.
La science lui tient compte de ses origines et parfois applaudit à ses témérités.

Entre ces deux solutions, toutes deux possibles,
toutes deux en conformité « apparente » avec les
données de l'observation, s'interposerait une solution moyenne. Elle consisterait à recueillir une à une

---

(1) Voir le fragment sur l'*Immortalité de la force*, dans le volume du
docteur Büchner, intitulé : *Science et Nature*. Paris, G. Baillière. 1866.

les déclarations de la science, à les interpréter le
moins possible, à n'accepter en fait d'hypothèses
que celles-là mêmes auxquelles les savants accor-
dent quelque crédit, et par conséquent à réduire,
autant qu'il se pourrait, la part de la métaphysique.
La métaphysique interviendrait cependant. Après
avoir constaté l'existence d'une matière tout à la
fois inerte et en mouvement, on chercherait la cause
du mouvement en dehors de la matière, et Dieu
jouerait aussi le rôle de premier moteur. Mais une
fois « la chiquenaude » donnée, tout rentrerait dans
l'ordre scientifique.

Ainsi, trois solutions métaphysiques s'offrent à
notre choix. Si, toutefois, nous voulons choisir en
pleine connaissance de cause et avec l'autorisation
préalable de la science, nous sommes condamnés
à ne point choisir, car la science reste neutre, et
quand parfois elle sort de son impartialité, elle
manifeste ses préférences d'une façon trop discrète, pour déterminer les nôtres. Ce n'est donc
pas à l'aide de la science seule que l'on peut
s'orienter dans la philosophie de la nature.

Le moment paraît venu d'appliquer notre méthode de psychologie comparée et d'éclairer les
sciences de la nature par la science de l'âme. Nous
n'avons jamais pensé, pour notre propre compte,
que les tendances mécanistes de la science posi-

tive fussent de nature à compromettre gravement
la cause du dynamisme. Les sciences biologiques
cèdent chaque jour une part de plus en plus grande
aux explications mécaniques, et pourtant il n'en
faut point conclure à l'absence de forces vitales.
Les phénomènes psychologiques eux-mêmes semblent pouvoir se prêter, et dans une assez large
mesure, à des essais d'interprétation analogue, et
cependant l'âme subsiste et l'âme est une force. Dès
lors, le triomphe du mécanisme en matière de
sciences physico-chimiques pourrait bien ne pas
impliquer, à titre de conséquence nécessaire, la défaite certaine des doctrines opposées. Il y a plus. Le
dynamisme renaîtrait peut-être bientôt, le jour où
la psychologie, appliquée à l'interprétation des
propriétés de la matière, découvrirait dans la série
des fonctions de l'âme, un type d'activité capable
de s'ajuster aux corps inorganiques et de superposer au mécanisme de la science une doctrine
plus profonde et plus rationnelle.

Toutefois, avant de faire appel aux ressources
du psychologue, il importe de montrer que nous
en avons le droit, et d'établir la neutralité de la
science en face de toute doctrine philosophique qui
se borne à la dépasser sans songer à la contredire.
Au temps où nous sommes, certains esprits prétendent que la science ne veut être interprétée
que par la science, et que la philosophie de la

nature doit sortir toute faite des laboratoires ou des cabinets de physique. S'il en était ainsi, la raison et la science, dont l'une veut la force partout, dont l'autre n'en veut nulle part, se tiendraient réciproquement en échec. Dans ces conditions, il serait superflu d'interroger l'âme humaine et de procéder, par voie d'analogie, à la détermination des caractères de la force inorganique (si toutefois il est possible de les déterminer). Il ne nous resterait alors qu'à conclure en faveur du mécanisme, et qu'à déclarer nulles et non avenues les protestations de l'entendement.

Aussi nous réservons-nous, dans le prochain chapitre, de mettre en regard la raison et la science, d'examiner si ces deux facultés se combattent, de rechercher l'origine de cette lutte et de lui imposer un terme. Si nos espérances ne sont pas illégitimes, nous aurons démontré que le dynamisme n'est nullement en cause et que l'intervention de la science en matière de philosophie première ne peut avoir d'autre but que de régler la spéculation, mais non de se substituer à elle.

CHAPITRE X

CHAPITRE X

LA RAISON ET LA SCIENCE. — DE LA RECHERCHE SCIENTIFIQUE
ET DE SA VÉRITABLE PORTÉE. — NEUTRALITÉ DE LA
SCIENCE. — POSSIBILITÉ DU DYNAMISME.

I. — La raison, nous l'avons dit dès le début,
étend à l'univers entier les modes de la conscience.
Dès lors, le moi n'est plus le seul être participant
de la force, de la cause, de la substance. Tous les
êtres, quels qu'ils soient, partagent le même sort.
Le moi est simple et actif; la matière, elle aussi, est
réductible à des éléments simples et capables de
spontanéité. La doctrine qui porte le nom de dynamisme est donc éminemment rationnelle.

La science, de son côté, attentive aux résultats
de l'expérience externe, les constate, les enregistre,
les interprète, mais toutefois, les interprète selon
la méthode scientifique. Cet ensemble des doctrines, issues de la science, nous a semblé mériter
le nom de métaphysique positive : *métaphysique,*
car on ne se contente plus de lire, on traduit, on
paraphrase, on prolonge les lignes de l'expérience

au-delà de l'expérience elle-même ; *positive*, car les faits que l'on suppose, les lois que l'on imagine, offrent plus d'un trait de ressemblance avec les faits observés, avec les lois induites. On se défie des « qualités occultes », on ne loge point derrière les phénomènes je ne sais quelles entités mystérieuses chargées d'expliquer tout ce que l'on ne peut comprendre. Ici, les hypothèses sont faites de la même matière que les expériences, ce sont des hypothèses objectives, et je dirais presque *métempiriques*, si le mot était français.

On sait, d'ailleurs, que la science est l'organisation de l'expérience, la mise en œuvre des matériaux empruntés à l'observation, et que, pour rendre cette organisation définitive, l'induction proprement dite a besoin d'auxiliaires. L'analogie et l'hypothèse veulent intervenir, et par leur intervention, prolonger d'une quantité indéfinie le champ de la découverte. Aussi bien leur intervention est discrète et les facteurs nouveaux qu'elles introduisent dans la science ressemblent, à s'y méprendre, aux données de l'expérimentation : témoin l'éther, pour n'en citer qu'un exemple. Sans doute personne n'a jamais vu, jamais touché un atome d'éther, par conséquent personne ne sait de science certaine quelle peut être la structure intime du fluide impondérable. — Raison de plus, ce semble, pour donner un libre essor à la conjecture? — Raison de plus, au contraire, pour imaginer le moins possible et se représenter la matière subtile d'après celle qui frappe nos sens. On supposera donc que cette matière est impondérable. Mais à part cet attribut *sui generis*, impérieusement exigé pour l'explication de certains phénomènes, on s'interdira d'aller plus loin, on concevra l'éther inerte, impénétrable, étendu ; on lui prêtera, en un mot, des propriétés sensibles, matérielles capables de faire impression sur des organes analogues aux nôtres, quoique d'une contexture plus délicate et plus subtile.

Ainsi, malgré le rôle que l'imagination se réserve quand elle vient s'adjoindre à l'expérience, il importe de remarquer combien elle est circonspecte. Au surplus, en matière scientifique, la circonspection des méthodes est presque toujours un gage de leur fécondité.

Par malheur, ce que nous enseigne la métaphysique positive, ou plutôt la science, ne concorde pas avec ce que la raison paraît exiger. Selon la science, la matière est inerte. En admettant qu'elle se soit donnée à elle-même le mouvement qui l'anime, on est forcé d'admettre que tout se passe en elle comme si le mouvement lui venait d'une source étrangère et lui avait été confié à titre de dépôt. Donc, point d'activité. De plus, la matière est étendue, c'est-à-dire composée à l'infini. Donc, pas de simplicité : ni monades, ni forces. Or, l'âme est simple et active, et la raison demande que la matière soit faite à l'image de l'âme. Ainsi, entre la raison et la science, il y a antinomie.

L'antimonie est posée, reste à savoir si elle est insoluble, en d'autres termes, si la science et la raison émettent l'une et l'autre, en même temps et *sous le même point de vue*, des assertions contradictoires.

S'il en était ainsi, l'intelligence serait en lutte contre elle-même et le scepticisme aurait beau jeu. Heureusement une hypothèse se présente, hypothèse plausible et capable de résoudre toutes les difficultés.

On sait que les fonctions de l'intelligence sont multiples, et que, pour me servir du langage de l'école, la faculté de connaître se partage en divers rameaux qui portent le nom de facultés intellectuelles. Chacun de ces départements de l'intelligence est administré selon des lois spéciales. Les lois de la perception externe diffèrent des lois de la raison, le raisonnement et la mémoire n'ont point le même mode d'exercice. Il est alors permis de croire que si les pouvoirs de l'intelligence fonctionnaient chacun pour son propre compte et sans s'inquiéter de marcher d'accord avec les autres, le conflit surgirait dans la pensée ; et la pensée, ne sachant plus où se prendre, ne produirait rien que de stérile, toujours en révolte contre elle-même, toujours partagée entre des assertions contradictoires. Cette explication n'est pas seulement admissible, elle est exacte, non point que l'entendement reste toujours ballotté entre le pour et le contre, mais parce que cet état de scepticisme provisoire est un état nécessaire et que chacun traverse avant d'atteindre le vrai.

L'existence de facultés antinomiques une fois admise, tout devient clair, et la divergence des doctrines et les démentis apparents que l'intelligence s'inflige à elle-même quand elle prétend résoudre les problèmes métaphysiques.

La solution de ces problèmes dépend de l'expérience. Ce que l'on voudrait connaître, ce n'est point « l'essence en général », le « principe en général », c'est l'essence d'un être, le principe auquel cet être doit d'exister. Or, s'il n'y a pas identité entre l'essence et le phénomène, entre le principe et l'effet qui en dérive, comme d'autre part, cette essence et ce principe ne sauraient être atteints directement par la connaissance, il faut examiner le phénomène avant de conjecturer quelle peut être son essence, interroger le fait avant de hasarder la moindre hypothèse à l'égard de son principe.

Toutefois, si l'expérience intervient, elle ne

peut suffire à la tâche. Elle prépare un édifice que la raison seule est capable d'achever. L'expérience externe et interne d'une part, la raison de l'autre, tels sont les organes de la philosophie première.

Dès lors, l'expérience opérant de son côté, la raison du sien, ni l'une ni l'autre ne cherche à réunir en un faisceau commun les connaissances séparément élaborées, il est possible que des contradictions se manifestent, que des conflits s'engagent et que deux facultés faites pour s'entendre et pour coopérer à un même but, se paralysent mutuellement.

La contradiction, voilà le vice originel de notre intelligence, voilà l'infirmité de notre esprit, infirmité qui se peut aisément guérir. En effet, les organes de la connaissance ont chacun leur structure pour ainsi dire et leur mode spécial de fonctionnement. Aucun de ces organes, ou plutôt de ces organismes, ne produit rien de durable s'il veut garder son autonomie. Le concours des autres est nécessaire, mais plus nécessaire encore est l'obéissance aux volontés d'un pouvoir centralisateur. Ce pouvoir, c'est l'entendement pur ou la raison. La raison domine l'expérience, et quand elle la domine, quand elle la contient dans ses justes limites, elle l'éclaire et la rend féconde.

Si maintenant on réfléchit qu'il dépend de la volonté de faire appel à la raison et de soumettre à son autorité les facultés rebelles, on ne tarde pas à se convaincre qu'il dépend de nous, et de nous seuls, de mettre un terme aux conflits, dont l'intelligence est trop souvent le théâtre. Il est donc permis d'espérer que l'antinomie entre la raison et la science n'est pas une antinomie insoluble.

En effet, si les droits de l'hypothèse scientifique restent intacts quand elle se contente d'interpréter les lois induites et d'anticiper sur les résultats des expériences à venir, il n'est pas évident qu'elle puisse, en toute liberté, franchir les bornes de la science. Son rôle est d'expliquer au savant ce qu'il ne peut, ce qu'il voudrait savoir. En revanche, il est peut-être interdit de s'aventurer sur le terrain du philosophe, et d'asseoir une métaphysique de la nature sur des bases exclusivement « physiques. » Pour en donner la preuve, nous allons faire voir que la science, qui veut être métaphysique, non-seulement contredit la raison, mais encore se contredit elle-même.

II. — A première vue, les principes de la physique moderne semblent mener droit au matérialisme. En effet, si le principe de la conservation de la matière et le principe de la conservation de la force prenaient l'un et l'autre le masque d'un axiome rationnel, l'*immortalité* de la matière et de la force s'imposerait à l'entendement, et le *monisme* de la philosophie allemande contemporaine se trouverait être l'expression exacte de la vérité.

En présence d'assertions aussi graves, la raison ne manquerait pas d'intervenir. Elle pourrait s'en dispenser, toutefois. Bientôt la thèse fondamentale du matérialisme rencontrerait la loi d'inertie qui lui barrerait le passage. Comment sortir du défilé? par un compromis? Sans doute on pourrait insinuer que la loi d'inertie ne résulte pas immédiatement de l'expérience, qu'elle est simplement « postulée » par la mécanique, que la mécanique est une science déductive *a priori*, étrangère (ou à peu près) au monde des êtres concrets. Auguste Comte, qui pourtant n'est pas un matérialiste, a prévu l'obstacle, et c'est ainsi qu'il songe plutôt à le tourner qu'à le détruire. Cependant, plus que tous les autres, il sait que les sciences concrètes sont tributaires des sciences abstraites et que le principe d'inertie sert de base à tous les calculs de mécanique et de physique. Alors la difficulté est insoluble et le matérialisme né de la science périt par la science : premier échec.

Si l'on fait subir à la théorie de l'unité des forces physiques une épreuve du même genre, un nouvel échec est inévitable.

La loi de la conservation de la force établit la permanence dans l'univers physique d'un facteur ou plutôt d'un produit, $\frac{1}{2} mv^2$. Par conséquent, si cette quantité mathématique est reconnue constante en dépit des changements de la matière, autant vaut affirmer que les qualités des corps ne sont rien de plus que les modes de cette quantité. Voilà une première manière d'entendre la doctrine en question ; nous l'avons déclarée vicieuse (1). Reste à savoir si, en se plaçant au point de vue métaphysique, l'interprétation que nous lui avons substituée ne présente pas, comme la première, de graves inconvénients.

Le mouvement, avons-nous dit, est un facteur à la fois qualitatif et quantitatif, d'où il suit qu'affirmer la persistance de la force, ou, ce qui revient au même, la conservation du mouvement, cela équivaut à prétendre qu'il ne se conserve pas seulement, dans l'univers, une même quantité, mais encore une même qualité d'énergie. Or, il n'est point de qualité sans une substance. Cette substance, où la chercherons-nous ? dans la force ? Cela est impossible, car la force, selon la science, c'est le produit mv^2, c'est-à-dire une abstraction. La chercherons-nous dans l'étendue ? Mais pour cela il faudrait admettre l'union indissoluble de la ma-

____

(1) Voir notre chapitre VII, § 4.

tière et du mouvement, et cette fois encore enfreindre la loi d'inertie.

Encore un coup, la science, qui ne veut pas rester science, ne peut se métamorphoser qu'aussitôt elle ne se détruise.

Outre ces deux exemples, en voici un troisième et peut-être le plus décisif.

On sait comment les chimistes se représentent l'atome. Ils le conçoivent sous la forme d'un volume infinitisimal à dimensions très-petites, étendu et impénétrable malgré son effrayante petitesse. L'atomisme nous a semblé préférable à la doctrine du continu, car il paraît, du moins au premier abord, exempt des contradictions auxquelles on s'expose toutes les fois qu'on se heurte au nombre infini. Au fond il n'en est rien. L'écueil est toujours le même et les précautions prises pour éviter le choc sont encore loin de suffire.

On prétend que l'atome est étendu, qu'il représente en quelque sorte le minimum possible de la grandeur concrète, qu'il est invisible et que l'on ne ne saurait imaginer d'étendue inférieure à la sienne. Eh bien! cela se dit, mais cela ne se peut soutenir.

L'imagination a des bornes, je l'accorde. Pourtant chaque fois qu'elle se met en présence d'une étendue et qu'elle essaie de la résoudre en ses parties composantes, elle n'arrive jamais au terme de la décomposition. De nouvelles particules se dégagent des premières; ces particules en contiennent d'autres, et toujours, et ainsi de suite *à l'infini*. Autant vaudrait affirmer l'existence du nombre actuellement infini. Mais pour tenir ce langage, il faudrait déclarer la guerre à la science. L'infini mathématique, qu'est-ce autre chose qu'un indéfini? Le nombre soi-disant infini est un nombre plus grand que tout nombre donné pour l'imagination, un nombre qu'une intelligence bornée comme la nôtre ne peut réussir à *nombrer*. Est-ce un nombre tel qu'avec une unité de plus il ne serait pas augmenté? Est-ce un nombre qui n'est ni une somme ni un produit? Dans ce cas, il serait plus exact de ne point l'appeler un nombre.

Cette contradiction, inhérente à tout essai de conception d'un nombre infini actuel, est cependant inséparable de la représentation de l'étendue. Donc, si l'on prétend accorder au concept d'étendue une valeur indépendante des lois de la représentation objective, ce n'est point la raison seule qui s'y oppose, c'est encore la science qui proteste.

Il en est, maintenant, assez dit pour que la science se tienne sur ses gardes et qu'elle montre plus de réserves à l'endroit du matérialisme. Le matérialisme affecte de marcher à l'avant-garde de l'expérience et sur la même ligne qu'elle, et il prétend façonner tout à son image. Le matérialisme se trompe et nous trompe. Il n'est pas vrai qu'il sache imiter l'expérience, il ne sait que la contrefaire, et, qui plus est, la contredire.

Le moment est venu de nous arrêter sur cette pente et de revenir vers la science positive. Où tend la science et que veut-elle? Quelle est la signification précise de ses théories?

III. — A commencer par l'atomisme, remarquons que cette hypothèse est suscitée par la loi des proportions multiples, pour la matière pondérable, et par les lois de l'optique pour le fluide éthéré. L'atome chimique est insécable, ce qui veut dire que l'action des forces chimiques est incapable de le diviser. Toute autre supposition serait gratuite. D'ailleurs, quand même il serait vrai que l'atome ne possède qu'une indivisibilité provisoire, cette conception ne changerait rien ni aux phénomènes ni à leur mode d'explication scientifique. Il est donc plus sage de s'en tenir à l'atomisme.

De même, et si l'on est prudent, on ne voudra point faire servir la théorie de l'unité des forces physiques aux desseins de telle ou telle philosophie. Réduite à sa plus exacte expression, cette théorie laisse de côté les insurmontables difficultés de tout à l'heure. Ainsi, l'on n'a plus à se demander quelle est ou quelle peut être l'essence de la force, attendu que ce problème n'appartient ni à la physique, ni même à la science; on n'a plus à rechercher si la force est une ou multiple, si les forces physiques sont ou ne sont pas identiques les unes aux autres; on abandonne enfin, et pour toujours, ces discussions stériles et l'on se borne à reconnaître qu'au fond de toute modalité matérielle il est un phénomène mécanique, et qu'à ce point de vue, tout phénomène physique est assimilable à une production de travail. Est-ce à dire pour cela que l'ordre physique soit entièrement réductible à l'ordre mécanique? que la qualité ne soit rien de plus que le vêtement extérieur et sensible de la quantité? En aucune sorte. La science tient, il est vrai, peu de compte de la qualité proprement dite, parce que la qualité ne se laisse pas emprisonner dans une formule, et par elle-même défie le nombre et le calcul. Mais il n'en faut point conclure que les propriétés physiques ne sont rien autre chose qu'un jeu d'apparences, pas plus qu'il ne faudrait conclure au caractère essentiellement et exclusivement algébrique de la force, sous prétexte que ses effets se nombrent et revêtent une expression de la forme mv^2.

Quant au double principe de la conservation de la matière et de la conservation de la force, c'est à tort que les matérialistes prétendent leur assigner une portée métaphysique. La science affirme, à titre de postulat, l'indestructibilité de la matière créée. Elle donne à ce postulat l'autorité d'un axiome, parce qu'en vertu de nos habitudes d'esprit nous inclinons parfois à considérer comme nécessaire ce que l'expérience nous montre invariable. Mais encore n'érige-t-elle point cet axiome à la hauteur d'une loi métaphysique. J'en dirai autant du principe de la conservation de la force. Il n'est pas encore susceptible d'une démonstration rigoureuse, et quand bien même il le serait, la constance du produit, $\frac{1}{2}\ mv^2$ n'impliquerait point, je le suppose, la négation de l'âme ou la négation de Dieu. On pourrait, ce me semble, donner à ces deux principes le nom de « principes régulateurs de la science », ce qui permettrait de les distinguer des « principes constitutifs » de « l'entendement (1). »

En résumé, l'antinomie de la raison et de la science tient, comme nous l'avons vu, au caractère relativement empirique de la recherche scientifique et à l'usage prédominant de l'observation extérieure. Mais l'entendement ne veut ni ne peut se maintenir sur le terrain des phénomènes, attendu

____

(1) On éviterait ainsi le dilemme auquel nous avons déjà fait allusion (*Cf.*, p. 205). Si les corps ne sont pas inertes, comment expliquer le principe de la persistance de la force ? Si l'on admet le principe de la persistance de la force, que devient le libre-arbitre ? La science nie-t-elle le libre-arbitre ?

que son rôle est d'en opérer la synthèse et qu'il n'y
réussit qu'en superposant à l'ordre sensible et
physique un ordre intelligible et métaphysique.
Les fonctions intellectuelles, organisatrices de la
science, servent surtout à nous mettre en rapport
avec la nature extérieure. Or, cette nature n'est
point la seule, ou du moins la surface qu'elle nous
présente d'elle-même, recouvre un monde d'êtres
où les sens n'atteignent pas. Par conséquent, l'esprit
aura beau généraliser, il ne mettra jamais dans ses
généralisations que des éléments empruntés à la
catégorie des phénomènes, et la synthèse scientifique à laquelle il aboutira ne sera, en dernier res-
sort, qu'une synthèse superficielle, incomplète et
toujours inachevée. A des phénomènes on lie des
phénomènes, puis d'autres, puis d'autres encore,
et si l'on ne se fiait qu'à l'expérience seule, on affir-
merait le monde infini dans le temps et dans l'espace, infini dans la composition, infini dans la liaison
des effets mécaniques, etc. Ces affirmations sont
autant de contradictions. Elles ne sont pas seulement incompréhensibles, elles sont inintelligibles,
car elles se ramènent les unes et les autres à l'affirmation de l'existence du nombre actuellement infini,
ce qui est absurde.

Au contraire, laissez l'entendement contrôler
l'expérience : plus de conflit. Après examen rapide,
les causes du désaccord se révèlent et la contradic-

tion disparaît. Le désaccord entre la raison et l'expérience vient précisément de ce qu'elles ne s'appliquent pas au même objet : la première se préoccupe des êtres, des réalités; la seconde n'a souci que des phénomènes, des apparences. Or, je ne vois aucune contradiction à reconnaître un monde de phénomènes régi par des lois spéciales et un monde d' « êtres » gouverné selon d'autres principes. Ce qui est vrai au point de vue phénoménal peut ne l'être pas au point de vue de l'*être*. De plus, si les hypothèses auxquelles nous nous confions volontiers, dans l'explication purement empirique des phénomènes, aboutissent à des contradictions insolubles, n'en soyons pas surpris. Les phénomènes sont donnés uniquement pour l'intuition *a posteriori;* les phénomènes *ne sont pas*, et la contradiction commence le jour où nous prêtons à ces phénomènes la moindre existence et où nous cherchons à transformer l'intuition sensible *a posteriori* en une sorte d'intuition intellectuelle et supra-sensible (1).

____

(1) Voir les *Antinomies kantiennes :* les *thèses* sont posées par la raison, les *antithèses* par la science. Les thèses et les antithèses se contredisent. Mais chaque antithèse, considérée en elle-même, est une violation flagrante du principe de contradiction. Les antithèses n'ont donc point la même valeur que les thèses, et les antinomies de la *cosmologie rationnelle* ne sont que des antinomies provisoires.

CHAPITRE XI

I. Retour sur la méthode dans la métaphysique de la nature. — II. Explication dynamique du mouvement. Analyse d'un acte de mouvement
volontaire. L'effort et la résistance : leur identité. Caractère dynamique de l'impénétrabilité des corps. Les corps réduits à des agrégats
de points dynamiques. Le mouvement et le désir. Raisons qui plaident en faveur d'une force d'appétition résidant au sein de la matière :
de la finalité dans le monde inorganique. L'appétition et l'attraction.
L'attraction est conciliable avec l'impulsion, l'action à distance avec
l'action au contact. — III. Explication dynamique des propriétés de
la matière. Impénétrabilité, étendue, propriétés physiques et chimiques. — IV. La monade et la force. Le dynamisme pur de Kant,
d'Ampère, etc... Ses rapports avec l'idéalisme. Le seul dynamisme
conciliable avec les exigences de la raison doit être conforme au dynamisme leibnisien. Examen et justification des thèses principales
de la *monadologie*. De la conscience et de la spontanéité dans le
monde inorganique. — V. Le problème d'origine. — CONCLUSION.

CHAPITRE XI

VUES THÉORIQUES. — ESQUISSE D'UNE PHILOSOPHIE
DYNAMISTE DE LA NATURE. — CONCLUSION.

I. — A moins de se résigner au matérialisme, ce
n'est point à la science seule qu'il convient d'emprunter les éléments d'une métaphysique de la
nature. D'autre part, interroger la science, ne pas
franchir les bornes de l'observation ou bien encore
se contenter d'une « métaphysique positive » assez
voisine de l'empirisme ou du phénoménisme, cela
non plus n'est guère possible. Bon gré, mal gré, il
faut que la raison intervienne.

L'office de la raison n'est pas comme on pourrait le croire de s'élancer d'un bond vers l'absolu
et de chercher à découvrir dans l'entendement
divin les « idées » qui présidèrent aux origines du
monde extérieur. Si tant est qu'on puisse voir en
Dieu, comme le prétendait Malebranche, on n'y
voit que Dieu seul et ses perfections. Ce n'est donc
pas la méthode intuitive qui nous dirigera dans
nos recherches.

Mais entre le pur empirisme et ce qu'on pourrait appeler le pur intellectualisme, il est une doctrine moyenne et dont nous avons déjà laissé pressentir la fécondité (1). Elle consiste à étendre à l'univers entier les déterminations essentielles du moi et par conséquent à interpréter le monde extérieur dans une langue encore plus psychologique que métaphysique. Ainsi entendue, la philosophie de la nature devient une sorte d'annexe de la psychologie rationnelle.

On dira peut-être que cette interprétation est illégitime, ou du moins qu'elle ne saurait démontrer sa légitimité; mais il est facile de comprendre que la raison ne peut se démontrer elle-même, et que du moment où l'on viendrait lui contester ses droits, on pourrait tout aussi bien contester les droits de la science et se réfugier, faute de démonstration péremptoire, dans le scepticisme universel. L'objection n'a donc pas à nous préoccuper.

Ainsi ce n'est pas la raison seule, ce n'est pas non plus l'expérience seule qui est l'organe de la métaphysique de la nature, mais bien la raison unie à la perception externe et à l'intuition psychologique. Sans doute nous ne savons pas de science certaine s'il est vrai que les corps du règne minéral sont quelque peu façonnés à notre image;

____

(1) Voir notre chapitre 1ᵉʳ.

nous ne savons pas directement et comme par une sorte d'intuition supra-sensible qui passerait pardessus les phénomènes, si au-delà ce que les sens atteignent il est quelque chose d'inaccessible aux sens; nous nous plaisons même à reconnaître que c'est aller contre l'opinion vulgaire que de prêter un « dedans » aux corps extérieurs; et pourtant il ne nous semble pas que cette manière de voir puisse gravement offenser la raison commune.

En nous le parallélisme est complet entre les modifications de la matière cérébrale et celles de l'âme pensante; à chaque fluctuation de la conscience doit correspondre une vibration moléculaire du cerveau. Quant à l'animal, il est également impossible d'admettre que ses mouvements soient réglés comme le serait le mouvement d'une horloge par un ouvrier extérieur à la machine; ici, encore il y a de l'interne et de l'externe. Prêter au végétal une âme ou quelque chose d'analogue, voilà qui semble extraordinaire; *a fortiori* semblera-t-il étrange de faire ce don aux corps bruts. Tout étrange qu'il y paraisse, je me demande en vertu de quel droit on s'arrêterait dans cette progression descendante. Pourquoi donner à l'un ce qu'on refuse à l'autre? Pourquoi supposer que cette existence à double face, l'une tournée vers le dehors, l'autre concentrée en elle-même, existence de laquelle participent l'animal et l'homme, est un cas particulier dans la nature, ou du moins le privilége exclusif d'un certain nombre d'êtres? Comment admettre en effet que les conditions de l'existence changent brusquement en descendant des règnes supérieurs aux règnes inférieurs? Comment admettre que les plantes et que les corps dits inanimés soient totalement dépourvus de cette faculté « d'être pour soi » que l'intuition psychologique nous apprend à considérer comme la condition expresse de l'existence? Si dans le monde des êtres physiques tout est donné au dehors, rien au dedans, si la matière n'est rien autre que ce qu'elle paraît, autant soutenir alors qu'elle n'existe pas. Entre le phénoménisme et le dynamisme, aucune solution moyenne ne semble pouvoir s'offrir au sens commun.

On essaiera peut-être de nous arrêter au passage en nous accusant de restaurer les qualités occultes et de peupler le monde physique d'entités inutiles. Mais il est facile d'éviter un pareil reproche. D'abord nous venons de voir qu'il n'est pas « inutile » d'accorder à la matière des conditions d'existence qui sont après tout quelque peu modelées sur les nôtres. Cette doctrine est rationnelle, et elle est seule conforme aux exigences de la raison. Ensuite, ce ne sont point des « entités » que nous introduisons dans la nature; ce ne sont point d'insaisissables noumènes ou « choses en

soi » que nous mettons, pour ainsi dire, en faction
derrière les phénomènes. Si nous prêtons une âme
à la matière et si nous voyons en elle autre chose
qu'une possibilité permanente de sensations ou de
notions, si nous allons jusqu'à prétendre « qu'au-
» delà de ce que l'œil saisit il y a quelque chose
» que l'œil ne peut atteindre » et qui contient
en soi la raison suffisante des phénomènes de
mouvement et d'étendue, nous ne croyons pas
céder au vain plaisir de multiplier les êtres sans
nécessité et d'accroître le nombre des « fantômes
métaphysiques. » L'esprit n'est pas un fantôme et
l'âme est quelque chose de plus qu'une entité.
Je ne parle pas, bien entendu, de cette âme-
substance ou du « moi transcendental » que les
idéalistes éprouvent le besoin de superposer au
moi de la psychologie ; je parle de « l'âme-
conscience » et du moi réel, du moi qui se sait
et se sent exister. Dès lors, si les choses se passent
en dehors de nous, comme elles se passent en
nous, si la force existe réellement dans le monde
inorganique et si nous réussissons à en donner la
preuve, nous aurons réussi à démontrer en même
temps que cette force n'est pas un x ou un signe
algébrique, qu'elle n'est pas non plus une cause
inconnue de phénomènes, mais qu'elle participe au
moins dans une faible mesure aux attributs essentiels de l'esprit.

On ne voudra point, je l'espère, nous accuser d'un manque d'égards envers la science et se prévaloir d'elle pour condamner à l'avance comme stériles les résultats de nos démarches futures. Aussi bien, si ces reproches pouvaient être adressés à la métaphysique, elle n'aurait qu'à répondre que la science est neutre et que les questions d'essence et d'origine ne la regardent point. En ce qui nous concerne, d'ailleurs, nous nous défions si peu de la science, que nous avons voulu la prendre pour guide et ne risquer aucune hypothèse qu'elle fût disposée à démentir. Nous nous sommes livré à une longue enquête pour savoir quelles clartés elle était capable de répandre sur les problèmes de philosophie première. Ces clartés sont faibles, ces lueurs sont vacillantes. Peut-être en les éclairant à leur tour, s'apercevra-t-on que la science porte en elle les premiers éléments d'une métaphysique.

Ainsi, et pour nous résumer, l'expérience externe travaillera de concert avec l'expérience interne; la première fournira les textes, la deuxième essaiera de les interpréter. Enfin au-dessus d'elles et près d'elles la raison surveillera.

Ces préliminaires posés, on va présenter sous la forme d'une rapide esquisse et comme en raccourci, l'ensemble des vérités ou probabilités qui se dégagent des faits et des doctrines scientifiques, et qui, une fois interprétés, deviennent les premières assises de la métaphysique de la nature. Il n'est pas dans notre dessein de pénétrer jusqu'aux détails, mais seulement de tracer les grandes lignes et de marquer les principaux lieux de halte.

II. — La doctrine qui porte le nom de mécanisme prend sa source dans la science et poursuit l'explication « scientifique » des phénomènes, des lois, et des propriétés de la matière.

Non-seulement elle poursuit cette explication, mais encore il serait injuste de ne pas reconnaître qu'à de rares exceptions près, elle trouve ce qu'elle cherche (1), et que les hypothèses qui lui servent à combler les lacunes de l'observation, empruntent à l'observation même les garanties de leur probabilité.

Ainsi, non-seulement il est admissible, mais encore il est probable que toutes les propriétés physiques et chimiques de la matière sont des variétés du mouvement. Le mouvement est le genre et les espèces sont : la gravité, la chaleur, l'électricité, la lumière, l'affinité, etc...

Quand on a ramené un phénomène d'ordre physico-chimique à un phénomène mécanique, il ne reste plus rien à faire. Le mouvement est le

____

(1) A la condition expresse de se renfermer dans les bornes de la science. — Voir notre précédent chapitre.

phénomène ultime au-delà duquel la science s'interdit de regarder. Ici commence l'œuvre de la métaphysique.

En effet, le mouvement n'est-il pas une qualité de la matière? n'est-il pas un phénomène? n'affecte-t-il pas nos sens à peu près au même titre que les propriétés auxquelles il tient lieu de support? Mais toute qualité implique autre chose qu'elle, toute qualité veut être suspendue à une substance, disons mieux, greffée sur une substance.

D'ailleurs, s'il faut que dans la catégorie des êtres inorganiques comme dans celle des âmes pensantes, tout phénomène externe corresponde à un phénomène interne, il faut de toute nécessité considérer le mouvement de la matière comme s'il était la traduction dans l'espace d'un ou de plusieurs états intérieurs, directement imperceptibles.

Découvrir ces états n'est pas impossible, à la condition toutefois de procéder comme on est convenu, c'est-à-dire de se mettre en présence de l'âme humaine, d'analyser un fait de mouvement, de considérer ensuite ce qui se passe *extérieurement* dans les corps et d'interpréter, selon le langage de la conscience, les signes sensibles puisés dans l'expérience extérieure.

D'abord on remarquera que la notion de mouvement ne s'offre jamais à nous sans la notion de force. La science elle-même, qui se tient volontairement dans les limites restreintes du calcul ou de l'observation par les sens, se croit forcée d'accueillir le terme force et de lui faire place dans son dictionnaire. Ce terme, nous l'avons vu, gagnerait peut-être à ne jamais sortir de la langue psychologique. Il est fâcheux, en effet, de recourir à une expression aussi précise que semble l'être l'expression *force* pour en faire le substitut de notions aussi vagues que celle-ci par exemple : « Cause inconnue de mouvement », ou bien encore cette autre : « effet de mouvement », etc... Cela est d'autant plus fâcheux, qu'au point de vue scientifique, tout mouvement est le conséquent d'un mouvement, l'antécédent d'un mouvement donné en acte ou en puissance.

De plus, ce qu'on appelle « force morte » et « force vive » s'appellerait fort bien « quantité de mouvement » ou « produit du mouvement. » Donc, quand nous aurons pris acte de l'union intime qui existe, même aux yeux de la science, entre le concept de mouvement et le concept de force, il restera toujours à déterminer les causes du mouvement, c'est-à-dire l'état ou les états internes qu'il suppose et implique partout où il se manifeste.

Demandons-nous, maintenant, ce qui se passe chaque fois que nous mettons notre corps en mouvement.

Tout mouvement corporel est d'ordre physique, mais il est précédé de mouvements musculaires et de phénomènes nerveux qui appartiennent à la catégorie des faits physiologiques. Faisons un pas de plus et recherchons quels phénomènes ces derniers ont pour antécédents.

A cet égard, aucun doute n'est possible. Tout mouvement de l'animal ou de l'homme a son point de départ dans l'ordre psychologique et se manifeste d'abord à la conscience, sous forme de besoin, de désir ou de résolution volontaire. Je m'explique : chaque fois qu'un mouvement se produit chez les êtres animés, le mouvement n'est pas, comme certains le supposent, « la transformation » d'un besoin, d'un désir ou d'une volonté, mais « le conséquent » de ces états de conscience.

Le désir (1) commande aux muscles, mais il ne leur commande pas à la façon d'un supérieur qui donne des ordres à ses inférieurs, ni d'un cocher qui stimule de la voix un cheval indolent. Le désir commande, et pour que les muscles obéissent, il « les fait obéir. »

La preuve en est dans le phénomène de l'effort,

____

(1) Au désir on pourrait aussi bien substituer la volonté ; mais l'ordre de succession des phénomènes ne s'en trouverait point changé. Nous préférons prendre le désir pour exemple, attendu qu'il est à peu près le seul principe des actions de l'animal, qu'à ce point de vue il est cause motrice, et que chez l'homme il usurpe souvent le rôle de la volonté.

phénomène essentiellement psychologique, effet
immédiat du désir ou de la volonté. L'effort pour
mettre les muscles en mouvement, voilà le moyen
terme psychologique entre le mouvement en acte
et le mouvement en puissance.

L'effort se traduit par des effets sensibles, mesurables, et son intensité se mesure à la quantité
d'effet produit. Selon qu'on est capable d'en produire plus ou moins, on est plus ou moins fort. La
capacité de faire effort, voilà la force; voilà pourquoi l'on dit que l'âme est une force, et que la force
est un des attributs de l'esprit.

Il est un proverbe : « Contre la force pas de
résistance. » On pourrait le retourner et dire :
« Pas de force sans résistance. » En effet, l'âme
ne serait pas une force, ou plutôt elle ne se manifesterait pas comme telle, s'il lui suffisait d'exprimer un vœu pour le voir aussitôt réalisé et de
produire ses actes à peu près comme Dieu, selon
la Génèse, fit éclore la lumière. Le corps est l'annexe de l'esprit, il est son serviteur, il n'a d'autre
mission que d'exécuter ses ordres, et pourtant il
ne les exécute jamais sans y mettre un commencement d'obstacle.

Cet obstacle que nous rencontrons en nous-
même ne peut venir de nous. Le principe de contradiction s'y oppose. Il est impossible de vouloir
un mouvement, et dans le même instant de ne

le point vouloir. De là vient que l'on distingue nettement son corps de soi-même. Avant de connaître ce corps, d'en avoir examiné les organes et d'avoir acquis cette science sommaire que tout homme possède et qu'il n'a apprise d'aucun maître, on sait de ce corps au moins une chose, à savoir qu'il est autre que l'âme, qu'il résiste à l'âme et que par sa résistance il l'oblige à faire effort contre lui. A ce point de vue, il serait exact de considérer l'âme comme un principe d'effort, le corps comme un principe de résistance.

D'après ce qui vient d'être dit, la notion d'effort est une notion complexe et qui en comprend trois : celle de l'effort, celle du sujet de l'effort, celle du terme de l'effort, d'obstacle, en un mot.

Il y a plus. Pour peu que nous poursuivions notre analyse, nous y découvrons, je ne dis pas seulement le concept de résistance, mais bien et surtout le concept d'une double résistance. Pour mouvoir le bras ou la jambe il faut *résister à leur résistance*. Faire effort c'est donc résister.

Réciproquement, toute résistance est un effort ou du moins veut être conçue comme telle. Quand deux hommes luttent ensemble et qu'ils se réduisent mutuellement à l'immobilité, on dit qu'ils se font contre-poids. Le premier résiste au second, le second résiste au premier ; tous deux développent un effort d'intensité égale. Remplacez un des adversaires par un corps de même pesanteur et de même masse, la situation restera la même et le renversement du nouvel obstacle exigera de notre lutteur un même déploiement d'énergie. Donc, qu'il s'agisse d'un corps humain ou d'un agrégat matériel, des deux côtés, il y aura réaction, répulsion (1).

Or, toute réaction est une action en sens inverse, toute répulsion est une impulsion en retour; donc et par analogie, la réaction de l'objet ne peut être conçue qu'à l'image de l'effort dont le sujet a conscience, ou de la réaction qu'il nous faut parfois opposer aux obstacles que la nature nous suscite.

Mais cette force, par cela seul qu'elle est directement aperçue et sentie, ne saurait avoir son principe dans l'étendue. Dès lors, si la matière réagit, et l'expérience le prouve, elle réagit contre nous d'une façon quelque peu semblable à celle dont nous réagissons nous-mêmes, et par conséquent en vertu d'un principe d'effort interne directement inaccessible à l'observation des sens. Ce principe d'effort a pour signe extérieur l'impénétrabilité.

L'impénétrabilité est le propre de l'étendue corporelle et figure généralement au nombre des

____

(1) *Cf.* P. Janet. *Mill et Hamilton.* — *Revue des Deux-Mondes* du 15 octobre 1869.

attributs *statiques*. Maintenant, il ne nous est plus permis de la considérer comme telle. En effet, si l'impénétrabilité des corps est un obstacle à leur mouvement, si, d'autre part, tout obstacle au mouvement implique un effort, il est difficile d'échapper à la conséquence et de méconnaître le caractère dynamique de cette propriété.

La mécanique considère les forces, quelles qu'elles soient, comme extérieures aux points matériels. Ainsi entendue, la matière serait véritablement et *absolument* inerte. Mais autre est la matière de la mécanique, autre est la matière qui affecte nos sens. Celle-ci est réellement impénétrable, résistante. Elle n'est pas simplement un centre d'application de force, elle est un centre de force.

Or, tout centre de force ne peut être conçu s'il ne réside en un point géométrique. Mais pour que cette conception soit possible, il faut dépouiller la matière de son étendue et considérer un corps comme une collection de « points dynamiques. » Cette conception est-elle conforme à l'esprit de la science?

Il doit en être ainsi, puisque, comme nous l'avons vu, la notion d'étendue implique la notion d'infinie divisibilité actuelle. Mais cette notion est contradictoire, inconciliable avec les attributs du nombre. Dès lors, il faut remonter à l'*étendue-*

substance de Descartes et des cartésiens, et considérer l'étendue comme une simple forme de la représentation.

La présence au sein des corps d'une force de réaction qui s'oppose au mouvement aurait pour conséquence l'immobilité de la matière, si cette force était la seule qu'il fût possible de lui attribuer.

Soit, par exemple, un corps A de masse $2\,m$ et de poids $2\,p$. Il reçoit le choc d'un autre corps B de masse m et de poids p. B rebondit et A reprend sa position primitive, après de légères oscillations. Le corps B a rebondi, en vertu de son impénétrabilité, ou, si l'on veut, de sa force répulsive. Mais pourquoi a-t-il reçu le choc de A? Parce que A était en mouvement. D'où vient le mouvement de A? Pour y répondre, nous procéderons comme tout à l'heure, par une série d'observations portant alternativement sur l'âme et sur la nature.

L'effort, avons-nous dit, est un phénomène psychologique dont l'effet est la production du mouvement, et comme condition préalable, la neutralisation de la résistance opposée par les muscles. Mais l'effort à son tour est un effet : il a pour cause une volition ou un désir. Et même, en admettant que l'effort vienne d'un acte de volonté, cet acte est toujours dicté par des motifs ou des mobiles, et l'action de la volonté n'exclut pas l'intervention du désir, du besoin, de l'appétit, ou, si l'on aime mieux recourir à un terme qui résume les trois autres, de la tendance. Même chez nous, la volonté est souvent l'humble esclave du désir; hors de nous, chez l'être vivant, c'est le désir qui donne le branle aux facultés motrices. Le désir a pour objet un état futur jugé préférable à l'état présent ou du moins représenté comme tel à l'imagination. C'est la faim qui chasse le loup du bois, c'est la mauvaise saison qui hâte le départ des hirondelles, c'est le besoin de lumière et de chaleur qui préside aux mouvements de l'héliotrope. Le désir ou la tendance serait alors le véritable principe moteur des êtres animés.

Si l'on descend au-dessous du végétal, on s'étonne du mouvement sans trêve qui emporte les corps soi-disant inanimés, et leur fait subir, en de rapides instants, de véritables métamorphoses. Les corps sont inertes si l'on entend par là que toute variation dans les mouvements de l'un correspond à une variation dans les mouvements des autres ; ils sont inertes en ce sens que le mouvement *paraît* se communiquer d'un mobile à un autre mobile, et ne jamais s'accroître dans l'univers. Mais, si l'on donne au mot inertie le sens d'immobilité absolue, il s'en faut que l'inertie soit le propre de la matière. Le repos des masses n'est qu'apparent. Le mouvement, quand il cesse d'animer les masses, se répartit entre les molécules ; des molécules il passe aux atomes, trouble leur équilibre, remplace les conditions de cet équilibre par des conditions nouvelles, détruit de fond en comble un édifice moléculaire, en élève aussitôt un autre sur ses ruines, etc. Quoi de plus inerte que la matière, disions-nous naguère? Quoi de plus mobile, dirons-nous maintenant? Quoi de plus capricieux, de plus instable? Je comprends le Jupiter d'Héraclite, toujours insatiable de changement et toujours altéré de repos, passant de l'un à l'autre, variant à l'infini les aspects du monde, et quand il a tout embrasé, refaisant un univers nouveau. Je comprends le désespoir de Platon devant cette matière qu'il aspirait à définir et qui lui échappait sans cesse, se montrant tantôt sous une forme, tantôt sous une autre, et toujours impatiente de métamorphose.

Et pourtant quel ordre au sein de ce monde ! et quelle harmonie entre tous ces mouvements! Ne dirait-on pas que la matière varie sans cesse, parce qu'elle obéit à une sorte de désir vague, toujours pressant, toujours inassouvi? Mais ne dirait-on pas aussi qu'elle gravite d'un pas uniforme vers une fin dont elle semble posséder l'obscure conscience?

Sans doute le mouvement se conserve toujours en quantité constante, le produit des masses

inorganiques par le demi-carré des vitesses semble ne jamais varier. Et cependant, l'unité quantitative du mouvement n'exclut point une sorte de
diversité qualitative, diversité dans l'unité, bien
entendu. La théorie de l'unité des forces physiques
n'implique pas absolument l'identité complète des
mouvements. La chaleur est un mouvement d'une
espèce spéciale; la lumière, le son, l'électricité
de même. Toutes ces forces impliquent une modification, sinon dans la vitesse, du moins dans le
rhythme du mouvement. On dirait que sur un
thème toujours uniforme, la nature se plaît à multiplier les variations (1). On dirait qu'elle tend toujours vers le nouveau, et que selon l'admirable
pensée d'Aristote, elle aspire, non pas seulement
au meilleur, mais encore au suprême désirable.
Ainsi, tout ne serait pas à rejeter dans les conceptions poétiques des premiers philosophes, ni dans
le feu d'Héraclite, qui passe incessamment par des
alternatives de satiété et de faim, ni dans l'attraction des péripatéticiens, attraction mystérieuse
exercée par Dieu sur la nature extérieure; enfin,
ce serait une pensée profonde que celle qui inspi-
rait Leibniz, quand il dotait toutes ses monades
d'appétitions, et qu'il se les représentait comme

____

(1) *Cf.* Lachelier. *Du fondement de l'induction*, p. 97 et 98. Paris,
Baillière.

dévorées du besoin de passer sans cesse d'une perception à une autre.

L'idée de désir ou d'appétition est intimement unie à la notion de finalité. Or, je ne crois pas que la science moderne fasse nécessairement alliance avec les adversaires des causes finales. De ce que ni la chimie, ni la physique, ne se laissent guider, ni l'une ni l'autre, par la considération des fins, cela ne veut point dire, cependant, qu'il n'y ait pas lieu d'insister sur certains phénomènes, pour en tirer des arguments favorables au principe de finalité. Les phénomènes inorganiques participent à l'unité de série, en raison du mouvement qui en est la trame et dont la quantité ne varie point. D'autre part, ils participent à l'unité de système, attendu que ce mouvement unique se laisse décomposer en un grand nombre de mouvements partiels, et que plusieurs de ces mouvements partiels semblent destinés à la réalisation d'un plan, d'un édifice. On sait que toute molécule chimique simule un organisme; or, comment admettre un organisme à la structure duquel ne présiderait aucune sorte de finalité?

« Si donc nous (1) voyons dans la nature des
» formes géométriques régulières, nous ne devons

-----

(1) P. Janet, *Les Causes finales*, p. 232. — Paris, O. Baillière. 1876,

» pas penser que ces formes résultent nécessaire-
» ment de la nature de l'étendue qui est par elle-
» même indifférente à toutes formes. Entre toutes
» les figures en nombre infini, régulières ou irré-
» gulières que les choses auraient pu prendre, il
» faut une raison précise pour expliquer la forma-
» tion des figures régulières... Il faut admettre une
» nature géomètre, comme une nature artiste,
» comme une nature industrieuse, et ainsi nous
» retrouvons dans la nature tous les modes de
» l'activité intellectuelle de l'homme. De même
» que M. Claude Bernard admet dans l'être orga-
» nisé un *dessin vital,* de même il y a en quelque
» sorte un *dessin cristallique,* une architecture
» minérale, une *idée directrice* de l'évolution chi-
» mique. »

Ainsi la finalité qui règne dans le monde organique, démontrerait à elle seule l'existence de la
force d'appétition. Cette force serait tout à la fois
le principe et la fin des mouvements de la matière.

Investie d'un double pouvoir, celui de réagir
et celui de tendre sans cesse vers un état nouveau,
la matière possédera deux forces : l'une sera la
force de résistance essentiellement répulsive, l'autre sera la force d'appétition. La première aura
pour signe l'impénétrabilité ou la force d'inertie, la
seconde se traduira par le mouvement lui-même.

Nous savons, par notre expérience personnelle, que le mouvement est le propre de tout être qui poursuit un but. Mais, quand nous avons atteint notre but, nous ne sommes plus ce que nous étions tout à l'heure. Nous devenons autres, et cependant quelque chose en nous demeure intact, notre personne morale et métaphysique. Nous voulons nous augmenter, nous grandir, accroître indéfiniment nos richesses sensibles et intellectuelles, mais nous ne désirons jamais ou nous anéantir, ou nous métamorphoser au point de ne plus nous reconnaître. Acquérir sans perdre, voilà l'objet du désir.

Mais comment acquérir sans perdre ? Comment rester soi-même et devenir autre ? Par l'état social, par la communication des intelligences et la pénétration des volontés. La société est le vœu de la nature : l'homme y obéit, l'animal y obéit.

La matière elle-même y obéit. Quand elle franchit l'espace, ce n'est point l'espace qui l'attire. L'espace est par lui-même vide et dépourvu de toute diversité. Peu importerait donc à l'atome d'être ici ou là, s'il n'éprouverait la perception confuse des autres atomes et ne ressentait comme un secret désir de s'allier à eux. De là les affinités électives, de là la cohésion, de là l'ensemble des propriétés chimiques, physiques, mécaniques, pour ne pas dire de toutes les propriétés de la matière. Ainsi entendue, la force appétive peut, dès à présent, recevoir une dénomination nouvelle et s'appeler la force d'attraction.

Ici encore nous ne craignons pas les démentis de la science. Quand elle nous dit qu'à son point de vue l'attraction est un mot vide de sens, que le terme affinité n'est qu'une métaphore, qu'une science positive doit tout expliquer par le mouvement et rien que par le mouvement, elle a raison de parler ainsi, et nous acceptons ce langage. De même, n'avons-nous rien à reprendre, quand on nous affirme qu'au point de vue physiologique tout phénomène de pensée doit se résoudre en une vibration nerveuse. Nous croyons, nous aussi, que le jour où la physiologie cérébrale aura dit son dernier mot, elle saura expliquer la suite de ces vibrations moléculaires sans faire intervenir le moindre facteur mental. — Mais supprimera-t-elle ce facteur et surtout fournira-t-elle jamais cette preuve qu'elle se vante déjà de posséder, à savoir que la pensée n'est rien de plus qu'un mouvement de la matière (1)?

Il ne serait guère plus exact de nier l'appétition ou l'attraction, sous prétexte que cette force se manifeste toujours à nos sens, sous forme d'impulsion et de mouvement communiqué. « La phy-

____

(1) Voir l'étude si intéressante de notre ami, M. Victor Egger, sur la *Physiologie cérébrale et la Psychologie.* — *Revue des Deux-Mondes,* 1er novembre 1877.

» sique, écrivait Fernand Papillon, ramène tout
» aux vibrations, tant de ce qu'elle appelle atomes
» matériels que de ce qu'elle nomme éther. D'après
» elle, les phénomènes physiques s'expliquent par
» le système des mouvements de l'atome et de
» l'éther, et, ces mouvements pouvant se trans-
» former les uns dans les autres, suivant une loi
» mathématique, il en résulte qu'il y a des rapports
» d'équivalence entre les diverses manifestations
» de l'activité physique, par exemple, qu'il existe
» un équivalent mécanique de la chaleur, un équi-
» valent calorifique de l'électricité, etc... Or, ce
» mouvement intestin que l'analyse et l'induction
» révèlent, ce frémissement corpusculaire qui
» donne aux corps les qualités sans lesquelles ils
» ne seraient point perçus, à savoir : le poids, la
» couleur, la chaleur, etc..., — ce mouvement,
» sous toute forme, implique un principe moteur,
» quelque chose d'irréductible et de simple, une
» spontanéité analogue à celle que Leibniz conçoit
» dans les monades (1). » Encore une fois, le dyna-

(1) *Cf. Leibniz et la philosophie de la nature*, p. 68 du volume déjà cité : *La Nature et la Vie.* — L'autorité de Fernand Papillon ne saurait être suspectée. Il était métaphysicien, cela est vrai, mais *il l'était devenu*, et il l'était devenu par l'étude des sciences. Ceux qui voudront connaître l'histoire de cette remarquable évolution, consulteront avec fruit l'intéressante notice de M. Charles Lévêque, publiée en tête du premier volume de l'*Histoire de la Philosophie moderne dans ses rapports avec le développe-*

misme accepte et enregistre toutes les assertions de la physique mécanique (1), et s'il les complète, il n'a garde de les démentir.

Pour en donner la preuve, nous ne chercherons nullement affaire aux partisans des actions au contact. Au point de vue des phénomènes, les choses doivent se passer ainsi. Mais l'action au contact est la traduction sensible de l'appétition à distance, appétition qui n'est nullement inintelligible, quand on se rappelle qu'elle s'exerce entre des « êtres simples » et non entre des atomes d'étendue.

III. — On sait que, selon toute probabilité, la matière n'est pas étendue, que les corps sont des agrégats de points dynamiques ou centres de force. De chacun de ces centres émanent deux forces : l'une d'attraction, l'autre de répulsion. Il s'agit maintenant, à l'aide de ces deux forces, de rendre raison des propriétés de la matière.

D'abord, la matière est impénétrable. L'impénétrabilité n'est autre chose qu'un effet de la force répulsive. « Il y a impénétrabilité suffisante là où

______

ment des sciences naturelles, ouvrage posthume de Papillon. Nous avons nous-même analysé cette œuvre importante dans la *Revue politique et littéraire*, livraison du 1ᵉʳ décembre 1877.

(1) La physique mécaniste n'est pas la physique matérialiste. Nous avons marqué la différence dans notre chapitre X.

» l'on ne peut pas admettre que des atomes sim-
» ples soient amenés à une distance de plus en
» plus petite sans que le rapprochement fasse
» naître l'équivalent d'une grande répulsion qui
» empêche de se compénétrer, quelle que soit la
» force qui les presse l'un contre l'autre (1). »

En second lieu, si la matière n'est pas étendue, il n'en reste pas moins vrai que nous la percevons comme telle. Mais l'idée d'étendue appelle la notion de continuité. Comment alors, à l'aide de points dynamiques, c'est-à-dire d'éléments simples et sans dimensions, essaiera-t-on de rendre compte de la perception d'étendue?

Les atomistes ne seront guère embarrassés. A leurs yeux, tout corps étendu résulte de la juxtaposition dans l'espace d'atomes étendus; les parties intégrantes sont de même nature que le tout. Mais si l'on répudie l'atome, ou du moins si l'on prétend résoudre l'atome dans la monade, il semble qu'on s'interdise tout essai d'explication plausible.

Il y aurait cependant un moyen de sortir d'embarras. Ce moyen consisterait à dépouiller la matière de son étendue sans la priver de toute relation avec l'espace. Le point dynamique ou centre de force se trouverait ainsi localisé dans un espace à trois dimensions, et c'est à travers l'espace qu'il

____

(1) *Cf. La matière et la force*, par John Tyndall et M. l'abbé Moigno, p. 41. Paris, O. Villars. 1873.

manifesterait sa double énergie. Il s'ensuivrait
alors que la force répulsive ne saurait s'exercer
sans former en quelque sorte autour du point dynamique une sphère d'étendue de rayon variable et sans lui constituer comme une espèce de
corps (1). Ainsi entendue, la notion d'atome, mo-
mentanément chassée de la philosophie dynamiste,
pourrait bientôt reparaître après avoir subi cette
profonde transformation. L'atome ne serait autre
que le point dynamique en tant que localisé dans
l'étendue et se réservant, à lui seul, une portion
définie d'espace pour y manifester son action (2).
La même cause suffirait, comme on le voit, à rendre compte de l'existence apparente de l'atome et
de son impénétrabilité. Ainsi ces deux attributs ne
sauraient plus longtemps conserver la dénomination d'attributs statiques.

L'étendue proprement dite, celle qui paraît
appartenir aux corps et qui semble résulter d'une
agrégation d'atomes, celle-là exigerait l'intervention
des deux forces. La première, je veux parler de la
force répulsive, expliquerait l'atome ; la seconde,
la force attractive, expliquerait la juxtaposition des
atomes et la constitution des corps.

D'où viendrait la forme des corps ? Du mode de

------

(1) A nos yeux l'étendue se confondrait avec l'espace.

(2) *Cf.* Renouvier. *Essais de critique générale.* Troisième essai, p. 25.
— Le P. Leray. *Constitution de la matière.* Paris, O. Villare. 1869.

groupement des atomes. Mais le mode de groupement des atomes trouve son origine dans les rapports, entre les énergies attractives et répulsives
des atomes juxtaposés. Par conséquent, la forme
serait tributaire de la force et viendrait enrichir le
nombre des propriétés dynamiques.

Il faudrait en dire autant du poids et de la
masse. La masse peut être définie : l'ensemble
des atomes, ou plutôt les points dynamiques com-
posant un agrégat moléculaire. Le poids s'exprime
en fonction de la masse et des effets de la pesanteur; il a donc visiblement sa source dans l'anta-
gonisme de la répulsion exercée par l'atome des
attractions qu'il développe et de celles dont il est
l'objet. Le poids d'un corps n'est-il pas la résultante de toutes les actions de la terre sur ce corps?

La pesanteur et la gravitation se laisseront expliquer, l'une et l'autre, d'une façon quelque peu
analogue, et l'attraction newtonienne, chassée à bon
droit de la science positive, reviendra prendre
place dans la métaphysique de la nature.

Il serait intéressant de tenter une interprétation
dynamique des forces physiques. Mais outre qu'un
pareil travail nous entraînerait beaucoup trop loin,
il ne semble pas que la science positive fournisse à
l'heure actuelle, un nombre suffisant de données.
Quand on aurait examiné successivement les différentes propriétés, quand on les aurait classées

suivant celle des deux forces, qui semble contribuer plus que l'autre à leur manifestation, on aurait à peine ébauché le travail. Une explication en gros serait jugée insuffisante. Une explication par le menu est pour le moment impossible.

Ce qui nous importe, en somme, c'est de savoir que la matière se résout dans la force et qu'il n'est pas une seule de ses propriétés qui n'en relève. Tous les attributs des corps sont dynamiques (1).

IV. — La notion de matière, avons-nous dit, se résout dans la notion de force. Un corps est un agrégat de points dynamiques. De ces points émanent des répulsions et des attractions. Jusqu'ici, la doctrine dont nous essayons de présenter une esquisse, ne semble pas différer sensiblement de la doctrine exposée par Kant, dans l'ouvrage qui porte le titre de : *Fondements métaphysiques de*

---

(1) La classification des propriétés de la matière exposée par nous (p. 98 et 99) et empruntée à la science, serait donc loin d'être irréprochable. Il faut convenir cependant qu'en se plaçant au seul point de vue des phénomènes, la matière peut se concevoir, abstraction faite de toute intervention d'élément dynamique. De là deux ordres distincts de propriété, les unes « géométriques et mécaniques », les autres « physiques et chimiques. Dans notre chapitre IV, nous avons rangé les propriétés mécaniques au nombre des attributs statiques. Il est de fait qu'au point de vue superficiel, l'inertie, la résistance, le poids, la masse, sont des attributs statiques. La pesanteur fait exception. Peut-être alors ferait-on bien de suivre l'exemple donné par M. Spencer d'appeler les attributs qui sont l'objet de la science mécanique : *attributs statico-dynamiques.*

la Physique, et par Charles de Rémusat, dans *l'Essai sur la Matière*. Ampère, Cauchy, Faraday, se rattachent à la même école. Il est à remarquer, toutefois, que nous avons déduit l'attraction de l'appétition, et qu'en attribuant aux corps inorganiques un principe interne d'effort, nous avons identifié la matière non-seulement à la force, mais encore à « l'esprit. » En cela, nous nous sommes écartés de la doctrine de Kant, pour nous rapprocher du système de Leibniz.

Entre le « dynamisme pur » de Kant et de Charles de Rémusat, et le monadisme leibnizien, notre choix ne saurait être douteux.

Quand on nous parle de « points dynamiques » ou de « centres de forces », qu'entend-on par ces mots? Pour expliquer la matière, selon Kant, il est nécessaire de recourir à l'intervention de deux forces, l'une répulsive, l'autre attractive; mais nulle part, Kant ne fait intervenir l'appétition.

Dès lors, il est permis de se demander si la notion de force attractive et répulsive ne se ramènerait pas à celle « d'effets répulsifs et attractifs » émanant de certains points de l'espace.

Un savant contemporain, élève et disciple de Cauchy (1), ne recule pas devant le terme

______

(1) M. l'abbé Moigno. *La Matière et la Force*, p. 41.

« monade. » Mais il ajoute aussitôt que ces monades n'ont point d'intelligence, qu'elles n'ont point de volonté, qu'elles possèdent « une activité externe », etc... — Le terme monade est équivoque, et si nous avons bien compris la pensée de l'auteur, par monades il nous faut entendre des points dynamiques, en d'autres termes, « des points mathématiques », centres d'attractions et de répulsions. Ces points dynamiques sont-ils des êtres? Kant répondrait négativement; Ampère, Cauchy, Faraday, Charles de Rémusat, donneraient une réponse affirmative. Kant seul aurait raison.

En effet, la métaphysique de Kant est essentiellement idéaliste, et c'est être idéaliste que de réduire la matière à la force pure. Qu'on ne s'y trompe point; on a beau considérer la répulsion et l'attraction comme des effets de la force, il reste toujours à définir cette force et on ne cherche pas à la définir. Dira-t-on qu'elle est la cause des effets répulsifs et attractifs? Nous demanderons à notre tour quelle est cette cause. Ce n'est point la matière, puisque la matière n'est que le fantôme de la force; ce n'est pas l'esprit, car un esprit existe pour lui-même; un esprit participe dans une certaine mesure à la conscience, à l'activité spontanée. — Mais les monades ont une activité externe. — Qu'est-ce à dire? L'activité externe n'exige-t-elle pas comme condition préalable une activité interne, une activité consciente qui se sait, ou du moins qui se « sent » exister? Or, si vos monades n'ont ni intelligence, ni volonté, ni le moindre degré d'existence subjective, elles ne sont pas des êtres. Si elles ne sont pas des êtres, que sont-elles? Elles ne nous sont connues qu'en tant qu'elles affectent nos organes. Pourquoi ne pas les considérer comme autant d'illusions de la sensibilité? Qu'est-ce qui attire? Qu'est-ce qui repousse? Est-ce Dieu? est-ce le *moi transcendental* de Fichte? Est-ce la « volonté *inconsciente* » de Schopenhauer et de Hartmann? On le voit, nous sommes en plein idéalisme, ou, pour mieux dire, en plein scepticisme, et nous donnons raison à Stuart Mill, quand il définit la matière « une possibilité permanente de sensations. »

Tout a été dit contre l'idéalisme, et nous n'y insisterons pas. Nous nous bornerons simplement à constater que si telle était la conséquence inévitable du dynamisme, ce système ne nous compterait point parmi ses adeptes, incapable qu'il serait de satisfaire aux exigences de l'entendement.

L'entendement exige que les choses se passent hors de nous comme elles se passent en nous-mêmes et que tout phénomène appartienne à une force, qui soit en même temps une cause, un être, et pour tout dire en un mot, un esprit. La force n'est pas un phénomène, elle n'est pas davantage une « chose en soi », elle est l'attribut d'un être qui a conscience de lui-même et qui sait prendre en main la direction de ses puissances psychologiques. Voilà ce que la force est en nous. Il est inadmissible que si elle existe autre part qu'en nous, son existence ne soit point soumise à des conditions analogues. Quelles seront ces conditions ?

On a coutume de dire que la force est un attribut de l'esprit, que l'esprit est une substance dont les modes essentiels sont la causalité, l'activité, l'unité, l'identité, la simplicité, etc... Cette manière de parler prête à l'équivoque et tend à faire croire que la substance de l'âme est indépendante des attributs qui l'expriment. Profonde erreur. L'esprit n'est rien sans la cause, sans l'activité, sans l'unité, pas plus que la causalité et l'activité ne peuvent se comprendre, abstraction faite de l'esprit. En d'autres termes, la causalité coexiste avec l'activité, avec l'unité, etc. ; l'un sans l'autre est inintelligible. Ainsi devrons-nous raisonner au sujet de la force et serons-nous conduits à la considérer comme un attribut de l'esprit, c'est-à-dire comme associée à l'unité, à la simplicité métaphysique, à l'activité spontanée, à la conscience, enfin, car l'esprit auquel

on supprimerait la conscience s'évanouirait aussitôt (1).

En raisonnant *a priori* la spontanéité et la conscience ne semblent plus devoir être le privilége
exclusif de l'homme et des êtres organisés. Toute
force devient l'attribut d'une monade et la monade
n'est pas seulement un « centre de forces », mais
encore un centre « d'appétitions et de perceptions. »

Telle est la définition leibnizienne de la monade,
définition, qui peut être déduite des principes
mêmes de notre méthode, et qui, seule, est conforme aux exigences de la raison.

Le moment est venu d'interroger l'expérience
externe et de lui demander si la matière offre
quelque part les signes sensibles de l'appétition et
de la conscience.

---

(1) M. Paul Janet répudie la doctrine de la force pure *sans substratum*,
concept qu'il déclare inintelligible, et il demande qu'on unisse l'une à
l'autre la notion de force et celle de substance. Mais quel peut être le
substratum de la force, sinon l'esprit? Et qu'est-ce que l'esprit, sinon la
conscience, la causalité, l'unité, etc.? Demander qu'on rattache la force
à la substance, c'est, au fond, demander qu'on n'isole pas cette notion de
celles qui, dans la réalité, en sont inséparables, et qui concourent avec
elle à exprimer l'essence de l'esprit; si les phénomènes n'existent que
par la substance, celle-ci n'existe à son tour que dans ses modalités
essentielles. Autrement, on s'exposerait à vouloir donner un substratum
à l'esprit lui-même, et c'est alors qu'on mériterait l'accusation de multiplier à plaisir le nombre des entités métaphysiques. — *Cf. L'idée de force
et la philosophie dynamiste. (Revue des Deux-Mondes,* du 12 mai 1874)

S'il fallait en croire les partisans des théories mécanistes, la matière serait inerte, c'est-à-dire absolument indifférente au mouvement, au repos, à telle ou telle forme de mouvement, en un mot à telle ou telle manière d'être.

Il est à remarquer d'abord que le principe d'inertie se résout en deux lois bien différentes l'une de l'autre. Celle qui affirme qu'un mobile, dont aucune cause extérieure ne vient modifier le mouvement, conserve et sa direction et sa vitesse, nous paraît incontestable, et nous croyons qu'elle ne saurait être démentie par aucune expérience. Celle qui établit l'incapacité de la matière à se mouvoir d'elle-même, celle-là, au contraire, nous semble plutôt une interprétation de l'expérience qu'un résultat de l'observation. En ce sens, il est vrai de dire que la loi d'inertie n'est qu'une hypothèse (1).

____

(1) Nous reprochions naguère au matérialisme d'enfreindre le principe d'inertie. C'est qu'en effet le matérialisme affecte de respecter la science, et que du moment où il la contredit, il se prive par cela même de tout moyen de défense. Or, en admettant que la loi d'inertie ne soit qu'une hypothèse, il faut convenir que cette hypothèse prend sa source jusqu'à un certain point dans l'observation des phénomènes, qu'elle en résulte indirectement, sinon directement, et qu'elle est l'un des postulats fondamentaux de la mécanique. On sait que les principes de cette dernière gouvernent toutes les autres sciences, l'astronomie, la physique et la chimie. Mais le principe d'inertie nous enseigne que la matière est incapable de passer d'elle-même du mouvement au repos; qu'une fois en mouvement, sa vitesse demeure constante, etc... Par conséquent, si le matérialisme met en doute l'une ou l'autre de ces deux

On invoquera sans doute, en sa faveur, le principe de la conservation de la force, principe confirmé par l'expérience. La matière n'augmente jamais la quantité de mouvement qui l'anime, elle ne la diminue jamais ; donc elle en est simplement la dépositaire. La conclusion n'est-elle pas légitime ?

Oui, certes, la conclusion est légitime ; elle est même rigoureuse. Mais, que prouve-t-elle ? L'inertie de la matière, ni plus ni moins ; c'est-à-dire l'inertie des agrégats moléculaires, des groupes de monades. Or, ce n'est pas de « la matière » qu'il est question, mais bien de l'atome, de la monade.

---

propositions, il perd le droit d'invoquer les témoignages de la science. Or, il ne peut douter du principe d'inertie, car, si ce même principe se concilie fort bien avec le principe de la conservation de l'énergie, il ne peut se concilier aussi bien avec la doctrine de l'*immortalité* de la force, point de départ obligé de tout système matérialiste.

De même, nous ne comprenons pas qu'Auguste Comte, après avoir reconnu (à tort ou à raison) que la loi d'inertie doit être considérée comme un résultat général de l'expérience, soutienne, quelques lignes plus loin, que « depuis que la philosophie positive a commencé à pré- » valoir et que l'esprit humain s'est borné à étudier le véritable état des » choses, *il est devenu évident* pour tout observateur que les divers corps » naturels nous manifestent tous une activité spontanée plus ou moins » étendue. » (*Cours de philosophie positive*, t. II, p. 398. C'est ce pas- sage auquel il est fait allusion au chapitre x, p. 270.) — Qu'est-ce donc à ses yeux que la loi d'inertie, et comment s'y prendre pour en donner une formule exacte ? « Nous avons continuellement occasion de recon- » naître, nous dit-on, qu'un corps animé d'une force unique se meut » constamment en ligne droite, et s'il se dévie, nous pouvons aisément

A ne considérer que l'atome chimique, nous sommes contraints d'affirmer, qu'en dépit des allégations de la science, il serait bien difficile de lui refuser un minimum de spontanéité. Les atomes sont unis les uns aux autres par des affinités spéciales qui leur tiennent lieu d'instincts rudimentaires. L'affinité varie avec les espèces, et s'il est actuellement impossible de déterminer scienti-

---

» constater que cette modification tient à l'action de quelque autre
» force. » (*Ibid.*, p. 406.)

Dans ces conditions, et si l'on se place au seul point de vue de l'expérience externe, n'est-il pas vrai de dire que la matière est absolument inerte ?

Le positiviste d'une part, le matérialiste de l'autre, tous deux nous semblent contraints de prendre au pied de la lettre le principe de l'inertie. Tous deux, en effet, ne sortent pas du domaine de la recherche scientifique. Mais quand on se vante de n'en point sortir, il faut se montrer docile aux leçons de la science.

Telle ne nous semble pas devoir être la situation de la métaphysique à l'égard de la science. En effet, la métaphysique distingue entre les phénomènes et les êtres, et elle sait que la science positive se renferme de parti pris dans le phénoménisme. De plus, elle sait que la loi d'inertie se fonde sur des expériences, mais sur des expériences appliquées seulement aux grandes masses de matière, et non pas aux molécules ou aux atomes. Dès lors, s'il est un monde d'êtres supérieurs au monde des phénomènes et pouvant être régi par d'autres lois; si, d'autre part, les lois qui gouvernent les phénomènes sont reconnues, de par l'autorité de la raison, inapplicables aux substances et aux êtres; enfin, si la science de son côté ne peut fournir aucune démonstration rigoureuse et péremptoire de ses propres principes, la métaphysique n'est nullement contrainte à les accepter comme des axiomes et à subir le joug de la mécanique rationnelle.

fiquement toutes les conditions de la spécificité chimique, il peut se faire que parmi ces conditions il s'en trouve de rebelles à tout essai de réduction au mouvement. Les explications mécaniques de l'affinité ne reposent, en somme, que sur des hypothèses (1).

Et d'ailleurs, quand il serait vrai que les mouvements de l'atome obéissent à la loi de l'inertie ; quand il serait vrai que les phénomènes chimiques sont dus à la pression de l'éther ; quand il serait vrai (et cela paraît incontestable), qu'ils subissent l'influence des forces physiques, qu'aurait-on démontré? Que le déterminisme des causes efficientes est la loi du monde inorganique.

Il resterait à prouver que le déterminisme mécanique exclut le déterminisme téléologique, et la science n'est pas en mesure de nous donner cette preuve. Encore une fois, le mécanisme ne fut jamais l'adversaire irréconciliable de la finalité.

Ces réserves faites, entrons dans un laboratoire. On vient de préparer un mélange d'hydrogène et de chlore que l'on expose à l'air libre. Le ciel est encore enveloppé de nuages, et le mélange ne paraît subir aucune altération. Les atomes de l'un et de l'autre gaz demeurent plongés dans le sommeil de l'inertie. Tout à coup, les nuages se

---

(1) Voir p. 231 et 232.

dissipent, et le soleil darde ses rayons sur le mélange ; aussitôt le mélange détone et à sa place se substitue une combinaison d'hydrogène et de chlore. Le soleil, en un instant, a fait œuvre d'architecte, et des myriades d'édifices moléculaires ont surgi.

Tout cela se fait par le mécanisme, j'en conviens, mais non par le mécanisme seul. D'où vient la différence dans les énergies des affinités? d'où vient qu'un atome de chlore s'unit plus aisément à un atome d'hydrogène qu'à un atome d'azote?

Si l'on nous répond que les atomes ne présentent point tous les mêmes particularités morphologiques, nous demanderons à notre tour quel est le principe de cette variété dans les formes. Si l'on nous répond que l'affinité de deux atomes, l'un pour l'autre, prend sa source dans le rhythme des mouvements propres à chacun d'eux, nous demanderons encore la raison de cette différence, et le mécanisme ne nous la donnera point.

La forme, avons-nous dit, est fonction de la force; le mouvement, d'autre part, est l'acte de la force. C'est donc la force qui expliquera l'affinité. Ici le terme « affinité » retrouve sa signification primitive : il n'est plus une simple métaphore.

On nous accusera peut-être de nous payer de mots, et de prêter à la monade des *tendances* que rien ne paraît justifier. Il est juste de reconnaître que dans le monde inorganique nous ne surprenons jamais ces tendances à l'état de tendance pure. On les constate seulement quand elles se réalisent. Dans le monde organique, les choses se passent de même. Quand découvrons-nous l'instinct d'un animal? n'est-ce point quand il se satisfait? Dans les deux cas, nous percevons l'acte, non la puissance; et cependant, il ne nous semble pas que l'instinct se puisse ramener au pur mécanisme. Pourquoi en serait-il autrement de l'affinité?

On niera peut-être le caractère appétitif de l'affinité, sous prétexte que cette force obéit à l'appel d'agents extérieurs. A cela je réponds que l'instinct, lui aussi, est assujetti à des conditions analogues. Emprisonnez un oiseau dans une cage trop étroite, il ne volera point. Tirez un poisson de l'eau, il ne nagera point. — Mais l'oiseau, mais le poisson, ne tarderont pas à mourir, faute d'instinct satisfait. — D'accord. Convenez cependant que faute d'affinité satisfaite, la mort ne saurait atteindre l'atome; car la mort, c'est la destruction de l'organisme et l'atome chimique est dépourvu d'organisation.

L'atome chimique aura donc ses instincts. Ces instincts, je l'accorde, resteront ignorants d'eux-mêmes, tant qu'une cause extérieure ne les invitera à se manifester.

Mais alors tout se passera, ou peu s'en faut,

comme dans les actions réflexes. On sait que toute action réflexe est due à la réaction d'un organe contre un *stimulus* extérieur. De même et par analogie, il nous paraît légitime de considérer les agents des combinaisons chimiques comme de véritables excitants, et les combinaisons elles-mêmes comme les œuvres d'un désir rappelé de la puissance à l'acte, et réveillé soit par les rayons du soleil, soit par la chaleur, soit par l'étincelle électrique, etc.

Une fois les affinités satisfaites et l'édifice moléculaire instantanément bâti, les mouvements de l'atome persistent. Même à l'état de repos apparent, l'atome oscille autour de sa position d'équilibre. Pourquoi ces vibrations intestines? Les lois du mouvement l'exigent, direz-vous. Est-ce certain, et en supposant qu'il en soit ainsi, pourquoi l'exigent-elles? Ici encore le mécanisme ne peut tout expliquer.

J'ai parlé des instincts de l'atome chimique. Or, il se peut que l'atome chimique soit lui-même un agrégat, une collection, une société d'atomes d'ordre inférieur. Ces atomes seraient les atomes d'éther, les vraies monades inorganiques : « Les » monades dynamiques, écrit M. l'abbé Moigno, » sont de deux sortes : les unes enchaînées par les » liens de la cohésion et de l'affinité, et dans un » état de repos relatif, doivent par conséquent

» peser et graviter les unes vers les autres, ce sont
» les *monades pondérables*. Les autres, libres au
» contraire, complétement en dehors de la cohésion
» et de l'affinité, animées de vitesses excessives de
» translation, de rotation, de vibration, traversent
» sans cesse et en tous sens les systèmes de mo-
» nades pondérables, et tendent à les disjoindre,
» à les séparer ; ce sont les monades nommées
» à tort, ou conventionnellement, *impondéra-*
» *bles* (1). » Ainsi entre les monades d'éther et les
monades matérielles, point de différence spécifique. Les affinités des unes sont satisfaites, et c'est
pour cela qu'elles sont pondérables. Les affinités
des autres ne le sont pas.

Mais pourquoi celles-ci travaillent-elles à disjoindre les premières, sinon parce qu'elles se sen-
tent attirées vers elles ? L'affinité ne serait donc
plus un phénomène *sui generis* ; elle serait l'une
des formes de l'énergie appétitive qui préside aux
mouvements incessants de l'atome ; il en serait de
même de la cohésion, de l'élasticité, etc.

La monade a des instincts, des tendances, des
désirs, et pour cette raison elle participe à la spiritualité. Mais, qu'est-ce que l'esprit en dehors de
la conscience, et qu'est-ce qu'un désir absolument
inaperçu ?

____

(1) *La matière et la force*, p. 47.

« **La matière, nous dit M. Charles Lévêque (1),**
» **est dépourvue de sensibilité, de volonté, d'in-**
» **telligence,** *et par conséquent de conscience, à*
» *quelque degré que ce soit.* » **M. Lévêque nous**
permettra de craindre qu'en destituant la monade
de toute conscience même rudimentaire, il n'en ait
gravement compromis la spiritualité.

On nous demandera peut-être, il est vrai, quel
degré de conscience nous accorderions aux êtres
inorganiques. A cet égard, nous sommes réduits
à nous contenter d'à peu près, et quand nous
aurons doté la monade d'éther de cette conscience
qui persiste, même chez les êtres frappés de stu-
peur (2), il nous sera manifestement impossible
d'en concevoir une représentation plus exacte.

Toutefois, si l'on veut se maintenir dans les
bornes de l'observation, il est impossible de
révoquer en doute la résistance opposée par un
corps à la main qui le presse.

Les corps résistent et opposent à notre action
une véritable réaction. Nul ne s'opposerait à dire
que les corps réagissent. Or, il ne faut pas oublier
que le terme *réaction* est un terme psychologique,
et que toute expression empruntée au vocabulaire
de la psychologie, désigne, qu'on le veuille ou non,

---

(1) *L'atome et l'esprit. (Revue des Deux-Mondes,* du 1er juin 1869, p. 618.)

(2) *Cf.* Leibniz. *De Anima brutorum.* — Monadologie, art. 14.

un *phénomène de conscience*. Dès lors, ne serait-il pas exact de prétendre que, même jusque dans le monde organique, on découvre les signes sensibles de la conscience?

Si le mot conscience paraît en dire trop, le terme leibnizien *perception* conviendra peut-être, à la condition, bien entendu, de ne point prendre au pied de la lettre la théorie des *perceptions insensibles*.

Ce que nous appelons généralement du nom de conscience, c'est la faculté d'un moi qui concentre dans son unité la diversité de ses impressions, de ses sensations, en un mot de ses phénomènes. Cette conscience est représentative, à des degrés divers, de tout ce qui se passe en nous, peut-être même, hors de nous.

Chez l'atome inorganique, rien de pareil. Dépourvu de toute diversité par lui-même, il ne saurait éprouver que des impressions toujours uniformes. Il s'endormirait même bientôt par l'effet de cette monotonie de conscience, dans le sommeil de l'inconscience, si, à sa faculté de percevoir, ne s'ajoutait celle de varier indéfiniment ses propres perceptions, et si des tendances, aussi impérieuses qu'insatiables, ne venaient, à chaque moment, rappeler à la vie cette âme qui va s'éteindre.

Si l'on nous demandait où chercher le type de

la spontanéité des êtres inorganiques, nous répondrions : dans les instincts des animaux inférieurs ou dans les tendances végétales les plus rudimentaires. Si l'on demandait où chercher le type de cette conscience, dont il nous paraît impossible de les dépouiller, nous indiquerions l'action réflexe. Mais qui peut dire le degré de conscience qui accompagne les actions réflexes? Qui peut dire à quel point la cellule animale ou végétale est donnée pour elle-même?

Sur cette importante partie du problème, la psychologie comparée ne nous apporte malheureusement que des indications indécises, et grâce à cette indécision, il est à craindre que les défenseurs des théories mécanistes persistent dans leurs préjugés et se plaisent à traiter la force comme le nominaliste Ockam traitait, au moyen-âge, les entités inutiles, celles qu'il ne fallait point multiplier sans nécessité.

Cette obscurité de la notion de force excuserait la science, peut-être même aussi, les philosophes qui prétendraient, à l'aide du mécanisme, expliquer définitivement tous les phénomènes de l'ordre physique et chimique. Mais quand nous aurons reconnu qu'il est impossible de déterminer autrement que par approximation les attributs internes de la monade, il n'en restera pas moins vrai que l'inconscience absolue ne saurait être nulle part, même

dans l'univers physique. Tout être, à quelque catégorie qu'il appartienne, doit exister à la fois et
pour nous, à titre d'objet, et pour « soi-même »
à titre de *sujet*.

Les thèses fondamentales de la monadologie
leibnizienne sont les suivantes : 1° caractère phénoménal de la matière; 2° résolution de l'idée de
matière dans l'idée de force; 3° résolution de l'idée
de force dans l'idée de monade, c'est-à-dire dans
celle d'un sujet capable de perception et d'appétition; 4° immanence de la force appétitive : point
d'action externe. L'action des monades les unes
sur les autres est une illusion qui prend sa source
dans l'harmonie préétablie.

Les trois premières thèses seront les nôtres. La
dernière seule nous semblera ne pouvoir être
acceptée sans réserves. Nous accorderons à Leibniz
que la notion d'un être qui *agit* sur un autre se ramène une dernière analyse à celle d'une *harmonie*
entre les modifications de ces deux êtres (1). Mais

(1) « La transmission du mouvement et la cohésion des parties ma-
» térielles, éléments qui donnent les termes précis dans lesquels se
» posent le problème de la causalité, jusqu'à quel point les comprenons-
» nous ? Qu'est-ce que l'impulsion et comment se produit-elle ? Que se
» passe-t-il dans la transmission d'un mouvement, et comment le corps
» en mouvement peut-il communiquer à un autre une partie de sa vi-
» tesse ? En quoi consiste la cohésion ? Dans l'action de forces attractives,
» peut-être. Mais comment le corps commence-t-il à mettre ces forces

cette harmonie est-elle *préétablie?* Là est toute la question. Elle l'est à certains égards; en effet, pour que nos membres se meuvent, il faut que le corps soit *capable* d'obéir à l'esprit. De ce qu'il est capable d'obéir, cela ne suffit point pour qu'il obéisse. *Les bases* de l'harmonie sont préétablies; mais c'est à la volonté ou au désir de faire le reste.

J'ai parlé de l'homme. Chez l'animal, chez le végétal, partout ailleurs enfin, tout n'est-il pas préordonné, et le déterminisme des causes finales n'est-il pas aussi inflexible que le déterminisme des causes efficientes? C'est ce que nous allons examiner tout à l'heure en traitant de la question d'origine.

V. — Les problèmes de cosmologie rationnelle

» en jeu, et en supposant ce point éclairci, comment ces forces com-
» mencent-elles, non pas simplement à exister, mais à exciter dans un
» autre corps celle action particulière? Certes, il n'y a pas dans ces dif-
» férents cas de réaction moins de difficultés que dans les cas de réac-
» tion entre l'âme et le corps.... »

> (Hermann Lotze. *Psychologie physiologique*, p. 67.
> — Paris, G. Baillière. 1876.)

De même, nous trouvons dans le *Troisième essai de Critique générale*, de M. Renouvier, à la page 19, la formule suivante :

« Le fait universel de la communication causale des êtres est identi-
» que à l'harmonie des phénomènes dans le temps; cette harmonie se
» produit en tant que les représentations déterminent leurs rapports
» sous l'espèce de la force; elle est l'un des aspects et l'un des noms de
» l'ordre du monde inséparable du monde. »

sont au nombre de quatre : 1° Le monde est-il limité dans le temps et dans l'espace ? 2° La composition des phénomènes va-t-elle à l'infini? 3° Le déterminisme des phénomènes a-t-il ou n'a-t-il pas sa raison suffisante dans une cause première, supérieure à l'ordre phénoménal? 4° Les lois de la nature peuvent-elles ou ne peuvent-elles pas se concilier avec la liberté?

Il n'entre pas dans notre dessein d'instituer une discussion approfondie du problème ; un pareil travail exigerait, à lui seul, tout un livre. Ici encore nous nous bornerons à de rapides aperçus.

Et d'abord, le monde est-il étendu dans l'espace?

L'intuition de l'espace est une loi nécessaire de la représentation. Or, la faculté d'avoir des représentations existe, pour tout être, à quelque degré de l'échelle qu'il soit placé. Donc, et à ce point de vue, il est vrai de dire que les êtres sont dans l'espace, et qu'en vertu de cette localisation dans l'espace, ils ne peuvent manquer d'apparaître les uns aux autres sous la forme de l'étendue. Nous savons en quel sens il est exact d'affirmer l'existence des atomes ; c'est précisément dans le même sens que nous affirmerons l'étendue du monde. Un monde étendu sera, pour nous, un monde de phénomènes entre lesquels existent des rapports de position.

Se demander si l'étendue du monde est finie ou infinie, cela revient à se demander si les rapports de position, qui lient les monades les unes aux autres, sont en nombre infini, et cette question ne peut être résolue qu'après cette autre : le nombre des êtres de l'univers est-il donné, et, par conséquent, leur synthèse numérique est-elle métaphysiquement possible?

De même, la question de savoir si le monde est ou n'est pas infini dans le temps, revient à savoir si les phénomènes de l'univers sont ou ne sont pas en nombre infini.

Mais cette réponse, ne l'avons-nous pas implicitement donnée? Si le nombre infini est tel qu'il soit absurde d'en imaginer la réalisation effective, il en résulte, et cela contrairement à l'opinion de Leibniz, que le nombre des monades n'est pas infini. Cette réponse implique, à son tour, l'existence d'un monde limité dans le temps et dans l'espace.

On invoquera peut-être, contre nous, le principe de raison suffisante : Pourquoi le nombre des êtres n'est-il pas plus grand qu'il n'est? Pourquoi Dieu ne l'a-t-il pas doublé, décuplé, centuplé? Sans doute, il aurait pu accroître ce nombre, s'il l'avait voulu. Mais le principe de raison suffisante ne s'opposerait-il pas à ce que Dieu réalisât par la création l'infini numérique actuel, c'est-à-dire une absurdité?

Si le monde a eu un premier commencement, il serait difficile d'admettre que les monades ont surgi spontanément dans l'espace et qu'elles ne doivent point leur existence au *fiat* d'une volonté créatrice. La solution que nous avons donnée aux deux premiers problèmes implique, ce nous semble, l'affirmation d'un Dieu créateur.

Il est moins facile d'expliquer comment Dieu a pu soumettre ses créatures à des lois immuables et rendre en même temps la liberté possible.

Aux yeux de Leibniz, tout être libre se détermine d'après ses désirs et non par l'effet d'une contrainte extérieure. Mais, dans la théorie de Leibniz, les monades sont emprisonnées en elles-mêmes et ne subissent aucune espèce d'action externe; en un mot, elles obéissent à *leurs* lois, c'est-à-dire à leurs appétits.

Est-ce là ce qu'il faut entendre par liberté? Oui, si l'on a le pouvoir de résister ou de céder à ses désirs; non, si la fatalité du désir est inéluctable.

Mais si la fatalité du désir est inéluctable, la spontanéité proprement dite disparaît avec la liberté, ou plutôt le déterminisme des causes finales ne sert qu'à masquer le déterminisme des causes efficientes.

On le voit, pour sauver non-seulement la liberté humaine, mais encore la spontanéité du désir jusque dans les existences les plus infimes et les plus appauvries, il faudrait affranchir la finalité de toute fatalité.

Mais alors, ne supprimerait-on point les lois de la nature et n'arriverait-on point forcément à cette conclusion étrange que les monades ne sont que ce qu'elles désirent et non pas ce que Dieu leur a imposé de désirer? — Niera-t-on, cependant, l'existence du déterminisme mécanique?

On ne peut le nier. De même on ne niera point les lois de la nature. On accordera que Dieu est l'ouvrier suprême des propriétés de la matière, comme des instincts de l'animal, comme de la raison de l'homme. On dira que c'est Dieu qui a déposé au sein de la monade le germe de ses tendances, qu'il a tout disposé pour que les phénomènes du monde inorganique suivissent une marche générale régulière; mais qu'il n'a point tout réglé jusque dans les moindres détails. On ajoutera, qu'en fait, les lois naturelles s'appliquent aux espèces, aux genres, mais non aux individus; qu'étant donné un phénomène, il est impossible de dresser la liste de tous « ses antécédents » et de rendre raison de toutes les circonstances « accidentelles » qui le distinguent

des autres phénomènes congénères. « Tous les accidents » qui accompagnent l'apparition d'un phénomène sont-ils prédéterminés? Sont-ils soumis à des lois? La science ne peut nous le dire, car la science ne sait point tout.

Il y aurait alors, jusque dans l'ordre des êtres inorganiques, une part « d'indéterminisme » et d'imprévu. Il y aurait jusque dans les éléments de la matière brute un principe « illogique, irrationnel », réfractaire à la nécessité, réfractaire à la science.

Il serait superflu d'ajouter que la théorie dynamique, à laquelle nous adhérons, est l'adversaire irréconciliable du matérialisme et du panthéisme; du matérialisme qui ne veut point s'élever au-dessus des sens; du panthéisme qui ne sait point reconnaître l'indépendance originelle des êtres, et la pluralité des âmes.

CONCLUSION

——

L'expérience interne met l'homme en face de lui-même et lui fait connaître son essence. Cette essence est constituée par les attributs suivants : unité, identité, simplicité, en un mot, *substance;* causalité, activité, spontanéité, liberté, en un mot, *force;* conscience, en d'autres termes, *spiritualité.* La conscience est un attribut inséparable des autres.

La raison intervient ensuite, et elle étend à l'universalité des phénomènes les fonctions qui viennent d'être énumérées. Les phénomènes extérieurs deviennent alors les signes sensibles de phénomènes intérieurs, de causes, de substances, de *sujets.*

La science, de son côté, a pour mission de nous apprendre dans quelle mesure et à quel degré ces « sujets » sont donnés pour eux-mêmes.

Or, on a interrogé la science, et la science a répondu comme si les phénomènes compris sous le nom de matière appartenaient à des êtres *réellement* et *substantiellement* étendus, comme si la force n'était rien de plus que la *cause inconnue et inconnaissable* du mouvement qui les anime.

Ainsi et selon la science :

1° *La matière* est constituée par une réunion d'*atomes*, et l'atome est un volume, solide, impénétrable, étendu, inerte.

2°. *La force* se manifeste par un mouvement dont la *quantité* (direction et vitesse) demeure constante, dont l'*apparence sensible* varie toujours. La force « en soi » est une inconnue. On ne sait rien d'elle et on ne la mesure point directement. Ses effets, ses actes, cela seul importe à la science. Par conséquent, au lieu de mesurer et de calculer la force, on mesurera et l'on calculera des mouvements. Plus de dynamisme, rien que du mécanisme, voilà le dernier mot de la science.

Ceci posé, quel parti doit prendre le philosophe? S'il maintient les droits de la raison, il démentira la science. S'il prend au pied de la lettre les enseignements de la mécanique, de la physique et de la chimie, plus de métaphysique de la nature.

On nous dira, je le sais, que la science positive ou, du moins, la science contemporaine, n'est point l'adversaire de la métaphysique; qu'elle lui fait sa part, qu'elle recule indéfiniment les bornes de l'expérience, et que pour mieux y réussir, elle ne craint pas d'appeler l'imagination à son secours; qu'enfin elle ne peut être accusée d'empirisme.

attendu que, fidèle à la méthode du cartésianisme, elle cherche à décomposer la nature en ses facteurs élémentaires, à expliquer le composé par le simple et à pousser l'analyse de la matière jusqu'à ses principes immédiats.

Malgré l'autorité de Descartes, cette métaphysique à laquelle nous avons déjà donné le nom de « métaphysique positive », ne saurait être reconnue capable d'expliquer à elle seule les phénomènes du monde physique.

En effet, si l'on regarde ce que Descartes appelait les « natures simples », comme les facteurs constitutifs du monde, on est réduit à résoudre l'univers en une pluralité d'éléments quantitatifs, c'est-à-dire numériques, c'est-à-dire abstraits. On est réduit à expliquer la qualité par la quantité, le concret par l'abstrait, le supérieur par l'inférieur, et l'on tombe dans le défaut reproché par Auguste Comte aux systèmes matérialistes.

Dira-t-on que l'étendue est une substance ? Si l'on parle selon Descartes, on accordera le titre de substance à l'étendue qui se conçoit clairement et distinctement, je veux dire à l'étendue abstraite et géométrique, et l'idéalisme mathématique restera inévitable.

Érigera-t-on l'étendue concrète, c'est-à-dire celle de l'atome en élément constitutif des corps, autre difficulté. L'atome sera toujours étendu, et quoique insécable, actuellement et infiniment divisible. Or, cela implique contradiction, car le nombre infini n'est point concevable, et tout nombre indéfini même, ne peut l'être qu'au regard de notre imagination et qu'en raison de notre ignorance.

Quand bien même on trouverait un moyen d'éviter la contradiction inhérente à la conception d'un nombre actuellement infini, il resterait toujours à expliquer d'où viennent les mouvements auxquels sont assujettis les atomes prétendus inertes.

Deux solutions s'offriraient à l'esprit. La première, celle de Descartes, attribuerait à Dieu l'origine des mouvements de la matière. Dieu aurait refusé à la matière la propriété de se mouvoir, mais il lui aurait accordé celle d'être mobile et se serait chargé lui-même de donner l'impulsion initiale. L'explication est insuffisante. En effet, d'où vient que la matière conserve cette impulsion ? Si c'est en vertu d'un pouvoir propre, il faut cesser de dire qu'elle est inerte. Le pouvoir de ne rien perdre d'un mouvement communiqué implique tout autre chose qu'un attribut négatif. Pour renoncer à cette hypothèse, il faudrait affirmer, avec Descartes, que Dieu est l'éternel auteur des mouvements des corps, qu'il ne donne qu'une chiquenaude, peut-être, mais *qu'il la donne continuellement*. Telle est la solution proposée par Descartes et qui introduit le miracle dans la science.

La deuxième solution est celle des matérialistes. « Point de matière sans force. Point de force sans matière. » Toutes deux sont éternelles et consubstantielles; toutes deux sont immortelles. Qu'est-ce que cette force? Comment l'immortalité de la « force-matière » se concilie-t-elle avec le principe de l'inertie? Les matérialistes n'ont rien à répondre. En attendant, ils *paraissent* d'accord avec la science; au fond ils ne la respectent point. Si le matérialisme n'a rien à craindre de la science, c'est que la science lui est indulgente et ne se tient pas assez sur ses gardes (1).

De quelque façon qu'on s'y prenne, on est contraint de reconcer à la métaphysique de la nature, ou bien, si l'on essaie de construire à l'aide de la science seule, un système de philosophie première, on s'expose à des contradictions insolubles, on s'engage dans des labyrinthes sans issue, on travestit la science, et, à des notions claires et distinctes, on substitue parfois des concepts vagues, inintelligibles, et comme dirait Platon, insaisissables, tout à la fois, à la parole et à la pensée.

Peut-on renoncer à la métaphysique de la nature? Non, car la métaphysique de la nature est

---

(1) Dans le livre de M. E. Caro, intitulé *Le Matérialisme et la Science* (Paris, Hachette, 1867), la distinction qui sépare l'école expérimentale et l'école matérialiste est nettement et définitivement accusée. Pour plus de détails sur cet important problème, nous renvoyons au livre en question.

une province de la métaphysique générale, et la construction de cette métaphysique est l'éternel désir de l'entendement.

La science ne vit que de phénomènes, et les matériaux sur lesquels elle opère sont l'œuvre de l'expérience, les objets de nos sensations. La science s'arrête à la surface des choses. Malgré l'extrême abondance de ses ressources et la richesse pour ainsi dire inépuisables de ses procédés, elle s'avance au-delà de l'expérience, mais *ne s'élève jamais au-dessus*. La métaphysique positive, c'est encore, à certains égards, de l'empirisme et du phénoménisme (1).

Ainsi, le mécanisme ne représente qu'une moitié de la vérité. Par conséquent, le triomphe des théories mécanistes ne saurait impliquer la défaite des théories opposées.

D'autre part, le mécanisme n'en est pas moins la représentation très-exacte et très-fidèle de la manière dont les phénomènes physiques se lient les uns aux autres, et des facteurs tout à la fois, qualitatifs et quantitatifs, qui rendent leurs manifestations possibles.

Par conséquent encore, si le dynamisme est

____

(1) Voir notre chapitre X.

tenu de s'élever au-dessus du mécanisme, il doit aussi ne point hasarder la moindre conjecture incompatible avec les lois des phénomènes.

Il est aisé de voir, que le système auquel nous adhérons, et que nous espérons pouvoir exposer un jour avec plus de détails, satisfait à cette double condition. La réserve faite par nous à l'égard du déterminisme, soulèverait, peut-être, quelques difficultés, si la science était en mesure de démontrer que, même dans le monde inorganique, aucune part n'est laissée à la contingence. Mais cette démonstration n'est donnée nulle part (1).

Quant à nos conjectures touchant les conditions possibles de la conscience et de la spontanéité dans le règne minéral, elles reposent sur des faits dont l'interprétation ne sera peut-être point à l'abri de toute critique. On remarquera, cependant, que si notre méthode est légitime, il devient difficile de constester que le mouvement est le signe sensible de la tendance, et l'impénétrabilité, le signe sensible de la perception. On n'oubliera

-----

(1) La doctrine de la contingence dans la nature a été soutenue dans l'antiquité par Épicure (voir l'article de M. Guyau dans la *Revue philosophique*, t. IV, p. 47). — Tout récemment, M. Emile Boutroux, maître de conférences à l'École normale, a repris cette thèse pour son propre compte et a montré qu'elle ne saurait porter atteinte aux dernières conclusions de la science expérimentale.

point, non plus, que le seul moyen d'échapper à l'idéalisme est d'accorder à tout être la faculté d'exister pour soi et non pas simplement pour les autres. Toute monade sera donc un esprit, et, par conséquent, une conscience.

Le système esquissé par nous présente avec la monadologie leibnizienne, des analogies évidentes, et, j'ose dire, des analogies voulues. Nous croyons, en effet, que Leibniz a pénétré dans les secrets de la nature plus avant et plus profondément que n'importe quel autre penseur des temps modernes.

Leibniz fut, il est vrai, comme Descartes, *continuiste* (1) et déterministe. Mais, à la différence de son prédécesseur, il a mis la pensée sur la voie d'une doctrine tout à la fois plus féconde et plus logique. Si l'on substitue à la thèse de l'infini actuel des monades celle d'un nombre d'êtres, tout à la fois inimaginable et donné, les principes de la *monadologie* subsistent, et la doctrine, ainsi transformée, ne présente plus les mê-

____

(1) Au xvii⁰ siècle on est partisan du plein et du continu, et dans l'école de Descartes et dans celle de Leibniz. — Au xviii⁰ siècle, Kant paraît admettre la divisibilité infinie de la matière et l'infinité numérique des forces. Au xix⁰ siècle, les partisans des atomes et du vide dominent; ceux-ci reculent devant la thèse du plein et du continu. En dépit d'eux-mêmes, ils sont continuistes sans le savoir et sans le vouloir. Boscovich, Ampère, Cauchy, sont discontinuistes; Faraday ne semble pas l'être.

mes difficultés métaphysiques (1). De même, en accordant à tout ce qui existe un minimum de spontanéité, on ne porte aucune atteinte aux lois de la nature, dans les limites où la science veut qu'elles la gouvernent, et l'on rend en même temps possible l'avénement de la liberté morale.

On sait maintenant, dans quelle direction doit se mouvoir la pensée du philosophe, si elle veut donner naissance à une métaphysique de la nature capable de rester d'accord avec la science et de concilier ses témoignages avec les aspirations légitimes de la raison spéculative. Nous en avons assez dit pour montrer qu'une telle métaphysique est impossible à qui veut ne regarder que le dehors et tient la méthode expérimentale pour le seul instrument de la philosophie naturelle. La méthode expérimentale produit les découvertes, mais elle ne suffit point à la recherche des causes. D'ailleurs, les systèmes métaphysiques ne s'élèvent jamais seuls et comme sous l'impulsion directrice des faits. Ils sont œuvre d'art autant que de science, et les matériaux à l'aide desquels on réussit à les construire, resteraient éternellement inutiles, s'ils

______

(1) Cette transformation fut l'œuvre d'un savant commentateur de Leibniz à l'Académie de Berlin, Nicolas de Béguelin, auquel Fernand Papillon a consacré un des plus importants chapitres de son *Histoire de la Philosophie moderne*, t. II, p. 282 et suivantes.

n'étaient taillés d'une main hardie et ferme, et s'ils n'obéissaient au souffle puissant du génie intuitif éclairé par la science de l'âme.

VU ET LU,

A Paris en Sorbonne, le 20 juillet 1877,

Par le doyen de la Faculté des Lettres de Paris.

H. WALLON.

VU ET PERMIS D'IMPRIMER :

Le Vice-Recteur de l'Académie de Paris,

A. MOURIER.

ERRATA

<table>
<tr><td>Pages</td><td>20,</td><td>ligne 13,</td><td>lisez : serait-elle donc réduite à vio-
lenter</td></tr>
<tr><td>—</td><td>99</td><td>— 7,</td><td>lisez : des sciences physiques et des
sciences mathématiques</td></tr>
<tr><td>—</td><td>99</td><td>— 12,</td><td>supprimez le mot : mécaniques</td></tr>
<tr><td>—</td><td>108</td><td>— 14,</td><td>lisez : est contestable</td></tr>
<tr><td>—</td><td>108</td><td>— 27,</td><td>lisez : n'expriment nullement</td></tr>
<tr><td>—</td><td>135</td><td>— 8,</td><td>lisez : l'énergie potentielle</td></tr>
<tr><td>—</td><td>205</td><td>— 13,</td><td>lisez : l'homme est libre. Dira-t-on néan-
moins que la force se conserve en
quantité constante ?</td></tr>
<tr><td>—</td><td>214</td><td>— 13 et 14,</td><td>lisez : Richter avait continué
Wenzel et donné...</td></tr>
<tr><td>—</td><td>215</td><td>— 17,</td><td>lisez : si les quantités d'un corps sus-
ceptible de s'unir...</td></tr>
<tr><td>—</td><td>216</td><td>— 24,</td><td>lisez : inclinerait vers le dynamisme. Et
pourtant...</td></tr>
<tr><td>—</td><td>223</td><td>— 26,</td><td>lisez : les phénomènes physiques sont
des phénomènes de mouvement, ainsi,
des...</td></tr>
<tr><td>—</td><td>240</td><td>— 12,</td><td>lisez : ... à deux atomes d'hydrogène :
les corps de la troisième famille</td></tr>
<tr><td>—</td><td>240</td><td>— 22,</td><td>supprimez le mot : première</td></tr>
<tr><td>—</td><td>244</td><td>— 17,</td><td>lisez : Démocrite aurait pensé juste</td></tr>
<tr><td>—</td><td>255</td><td>— 1 de la note,</td><td>supprimez le mot : idéalement</td></tr>
<tr><td>—</td><td>259</td><td>— 4 et 5,</td><td>lisez : et pourtant il n'en faut point
conclure à l'absence des forces vitales</td></tr>
<tr><td>—</td><td>268</td><td>— 7,</td><td>lisez : si ni l'une ni l'autre</td></tr>
<tr><td>—</td><td>269</td><td>— 16,</td><td>lisez : il lui est peut-être interdit</td></tr>
<tr><td>—</td><td>272</td><td>— 10,</td><td>lisez : d'un volume infinitésimal</td></tr>
<tr><td>—</td><td>277</td><td>— 5,</td><td>lisez : mais encore ne doit-elle pas ériger
ce prétendu axiome.</td></tr>
</table>

TABLE DES MATIÈRES

CHAPITRE Ier

DE LA MÉTAPHYSIQUE DE LA NATURE ET DE SA MÉTHODE

CHAPITRE II

EXAMEN DES SCIENCES RATIONNELLES. — 1re PARTIE : DE
LA SCIENCE DES NOMBRES ET DE LA SCIENCE DES
FIGURES.

CHAPITRE III

EXAMEN DES SCIENCES RATIONNELLES. — 2° PARTIE : DU
MOUVEMENT ET DE LA FORCE SELON LA MÉCANIQUE.

CHAPITRE IV

PASSAGE DES SCIENCES RATIONNELLES AUX SCIENCES EXPÉ-
RIMENTALES : DES QUALITÉS DE LA MATIÈRE.

CHAPITRE V

LA PHYSIQUE MODERNE. — 1re PARTIE : LES PRINCIPES. — INDESTRUCTIBILITÉ DE LA MATIÈRE. — CONSERVATION DE LA FORCE. — NOTIONS SUR L'ÉTHER.

CHAPITRE VI

LA PHYSIQUE MODERNE (suite). — LES FAITS : CORRÉLATION DES FORCES PHYSIQUES. — ÉQUIVALENT MÉCANIQUE DE LA CHALEUR.

CHAPITRE VII

LA PHYSIQUE MODERNE (3º partie) : LES CONSÉQUENCES ET LES THÉORIES. — THÉORIE DE L'UNITÉ DES FORCES PHYSIQUES.

CHAPITRE VIII

LA CHIMIE MODERNE (Ire PARTIE) : L'AFFINITÉ ET LES FORCES ATTRACTIVES.

CHAPITRE IX

LA CHIMIE MODERNE (2° partie) : LA THÉORIE ATOMIQUE ET L'ATOME.

CHAPITRE X

LA RAISON ET LA SCIENCE. — DE LA RECHERCHE SCIENTIFIQUE ET DE SA VÉRITABLE PORTÉE. — NEUTRALITÉ DE LA SCIENCE. — POSSIBILITÉ DU DYNAMISME.

CHAPITRE XI

VUES THÉORIQUES. — ESQUISSE D'UNE PHILOSOPHIE DYNAMISTE DE LA NATURE. — CONCLUSION.

BREST. — IMP. F. HALÉGOUET, RUE KLÉBER, 11.